Sitzungsberichte
der Akademie der Wissenschaften
der DDR
Mathematik – Naturwissenschaften – Technik

4N

1976

# Rohstoff Holz

AKADEMIE-VERLAG · BERLIN

Sitzungsberichte
der Akademie der Wissenschaften
der DDR
Mathematik — Naturwissenschaften — Technik

Jahrgang 1976 · Nr. 4/N

# Rohstoff Holz

## Probleme der Gewinnung, Bereitstellung und Nutzung des Rohstoffes Holz

AKADEMIE-VERLAG · BERLIN
1976

Vorträge und Diskussionsbeiträge
gehalten in der gemeinsamen Sitzung
der Klassen Chemie und Werkstofforschung
am 16. Oktober 1975

Herausgegeben im Auftrage
des Präsidenten der Akademie
der Wissenschaften der DDR
von Vizepräsident Prof. Dr. Heinrich Scheel

Erschienen im Akademie-Verlag, 108 Berlin, Leipziger Straße 3—4

Lizenznummer: 202 · 100/170/76
Gesamtherstellung: VEB Druckhaus Köthen
Bestellnummer: 753 090 6 (2010/76/4/N) · LSV 3945
Printed in GDR
DDR 4,50 M

# Inhalt

Waldemar Jensen

## Versuche zur besseren Ausnutzung des Holzes in Finnland

Das Holz, einer der ältesten Werkstoffe des Menschen, ist in den letzten Jahren Gegenstand lebhaften Interesses gewesen.

Einer der Gründe liegt in dem globalen starken Wachstum der Forstindustrie. Starke Zuwachsraten sind vor allem in der Zellstoff- und Papierindustrie, aber

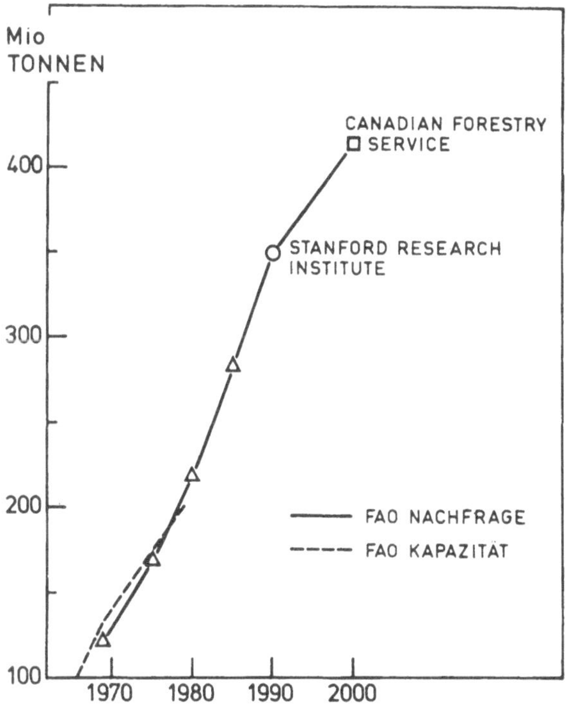


Abb. 1. Geschätzte Weltpapiernachfrage und Kapazität

auch in der (mechanischen) Holzindustrie zu verzeichnen. Die ständige Zunahme des Weltpapierverbrauches führt zu der besorgten Frage, ob und wie dieser Bedarf in Zukunft zu decken ist.

Als zweiter Grund können — zumindest was die europäischen Länder betrifft — auch die Belange des Naturschutzes angeführt werden. Der Wald als Umweltfaktor und seine soziale Bedeutung haben in letzter Zeit eine ungeahnte Wertschätzung erfahren, so daß der Nutzung der Holzbestände für industrielle Zwecke, ja sogar manchmal den forstpflegerischen Maßnahmen von dieser Seite aus Grenzen gesetzt sind.

Als dritte Ursache ist die weltweite, immer akuter werdende Energieverknappung zu nennen. Besonders scharf trat dieses Problem Ende 1973 mit der Ölkrise in Erscheinung, welche uns mit den sich aus der Begrenztheit der Ölvorräte ergebenden Fragen und mit gewaltigen Preisanstiegen konfrontierte.

Da die Wälder, anders als das Öl, zu den sich erneuernden Naturreichtümern zählen, lohnt es sich, die Versorgung mit diesem Rohstoff auch für die Zukunft zu sichern und ihn möglichst effektiv zu nutzen. Und in diesem Zusammenhang ist auch die Verwendung des Holzes als Rohstoff für die Chemieindustrie erneut zur Diskussion gestellt worden. Die Abb. 2 zeigt die Weltholzvorräte nach

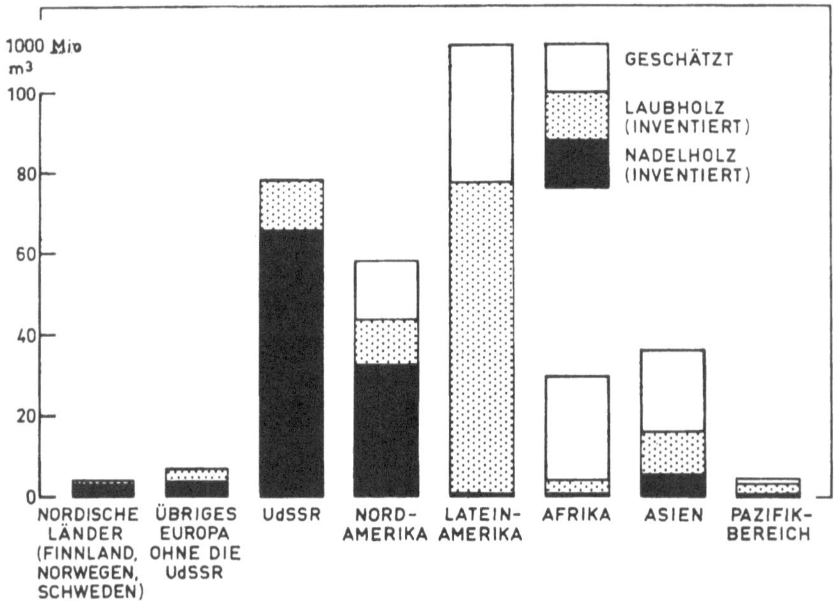


Abb. 2. Welt-Holzvorräte

einer FAO-Statistik aus dem Jahre 1967. Wie ersichtlich ist, existieren auf der Welt noch Gebiete, deren Holzbestände noch nicht einmal zahlenmäßig erfaßt sind. Jetzt werden die Holzvorräte der Welt auf 300—400 Milliarden m$^3$ geschätzt [1].

*Möglichkeiten zur Steigerung der Holzproduktion*

Auf der Erde finden sich noch Regionen, in denen Holzproduktion durch Nutzbarmachung bisher unangetasteter Waldbestände erhöht werden könnte. Solche Regionen gibt es in Asien, Afrika und Südamerika. Ein beträchtlicher Teil dieser Wälder kann jedoch nur dann für die Industrie wirklich effektiv nutzbar gemacht werden, wenn die Naturbestände zunächst abgeräumt und dann durch Aufforstungen ersetzt werden.

Zahlreiche Länder, darunter die nordischen wie überhaupt praktisch alle europäischen Länder, haben kaum noch bemerkenswerte Möglichkeiten, ihre Forstfläche zu vergrößern. Die Abb. 3 zeigt die geschätzten Einschlagsmengen

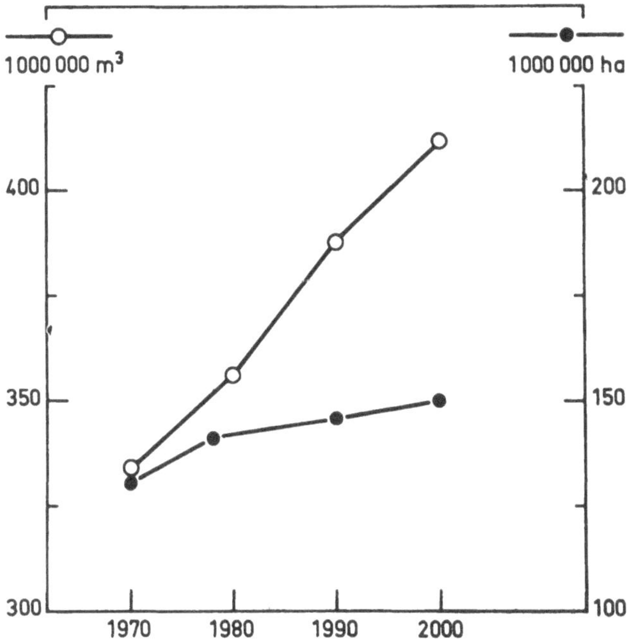


Abb. 3. Holzeinschlag und Forstfläche in Europa

in Europa bis zum Jahre 2000 und eine Prognose über den Zuwachs der Forstfläche [2].

Das Holz muß also möglichst wirtschaftlich genutzt werden, und die besten Voraussetzungen dafür bietet die integrierte Holz-, Zellstoff- und Papierindustrie.

Die Abb. 4, auf einer finnischen Untersuchung basierend, zeigt den Teil der Biomasse, der bei der Sulfatzellstoffgewinnung genutzt wird, wenn, wie bei der heutigen Erntetechnik noch allgemein üblich, nur das Stammholz Verwendung findet [3].

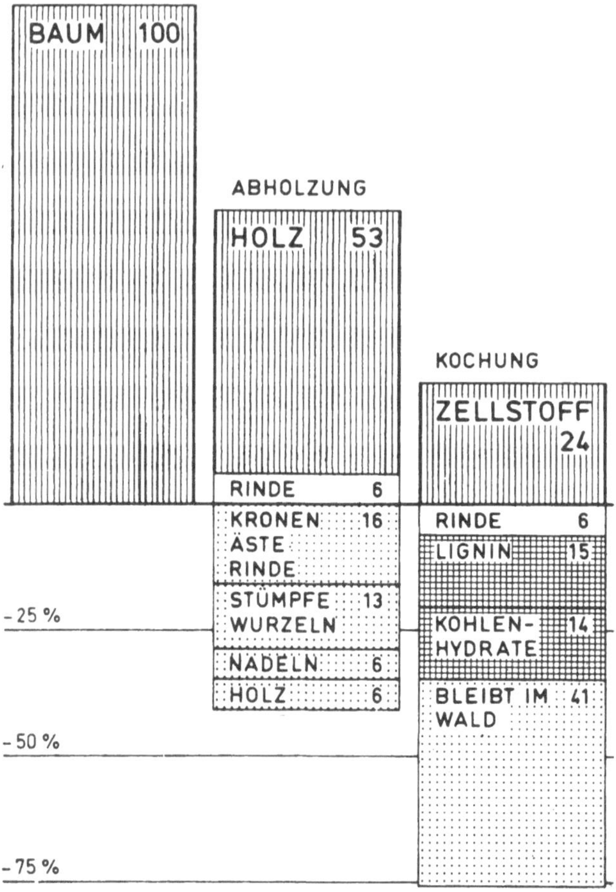


Abb. 4. Holznutzung und die chemische Zellstoffgewinnung

Im Wald bleiben demzufolge 6% Stammholz, dazu Kronen, Äste, Nadeln und Wurzeln liegen, insgesamt 41%. Bei der Zellstoffgewinnung gehen 24% der gesamten Baum-Biomasse in das eigentliche Produkt über; Lignin, Kohlenhydrate und Rinde werden zu anderen Chemieerzeugnissen verarbeitet bzw. verbrannt.

Bei der Steigerung der Rohstoffmenge geht der Trend zur Nutzung des Baumes in seiner Gesamtheit, was nach dem Kanadier J. L. Keays bedeutet, daß die hiebreifen Exemplare ausgewählter Baumarten einschließlich Krone und Äste, d. h. einschließlich aller oberirdischen Teile der Verarbeitung zugeführt werden. Nach Keays gewinnt man auf diese Weise 15% mehr Fasermaterial [4].

Noch mehr Rohstoff läßt sich aus dem Wald herausholen, wenn man dessen gesamte Biomasse verwertet. Darunter versteht der vorgenannte kanadische Forscher die gesamte oberirdische Biomasse des Waldes, d. h. all das Holz-, Jungwuchs- und Strauchmaterial, das beim Ernten ausgewählter hiebreifer Bäume im Wald liegen- bzw. stehenbleibt. Nach kanadischen Schätzungen beläuft sich diese Biomasse mengenmäßig auf das Vierfache des bei Holzbestandsinventuren üblicherweise ermittelten Holzvorrates. Der gleichen Schätzung zufolge beträgt der Mehrertrag an Holzfaser bei derartiger „totaler Waldnutzung“ 50 bis 100%.

*Die Holzsituation in Finnland*

Finnland ist ein typisches Beispiel der Länder, die kaum noch Möglichkeiten haben, ihre eigentliche Forstfläche zu erweitern, für die aber die Holzproduktion von erstrangiger Bedeutung ist. Dabei war in den vergangenen Jahren ein ständiger Druck zu spüren, die Forstindustrie weiter auszubauen und damit die Waldbestände immer intensiver zu nutzen. Die Abb. 5 zeigt den Holzverbrauch der finnischen Industrie. Deutlich erkennbar ist der Rückgang bei der Verarbeitung einheimischen Rohholzes bei gleichzeitiger Zunahme der Verwertung einheimischer Holzabfälle. Auch wird in zunehmendem Maße Importholz verarbeitet [5].

Aus der Abb. 6 geht die Produktion der (finnischen) Zellstoff- und Papierindustrie im gleichen Zeitraum hervor.

Die Abb. 7 zeigt die Abtriebs-Struktur und den zulässigen Einschlag der finnischen Forsten [5]. Als Folge der umfangreichen Investitionen und der Expansion der Industrie in den fünfziger Jahren schnellte der Holzverbrauch über den zulässigen Einschlag hinaus, was dann auch prompt dazu führte, daß man sich wirklich ernsthaft Gedanken über die nachhaltige Forstnutzung zu machen begann. Dank Forstmeliorations- und sonstigen Verbesserungsmaßnahmen konnte der zulässige Einschlag heraufgesetzt werden. Der Holzexport und die Verwen-

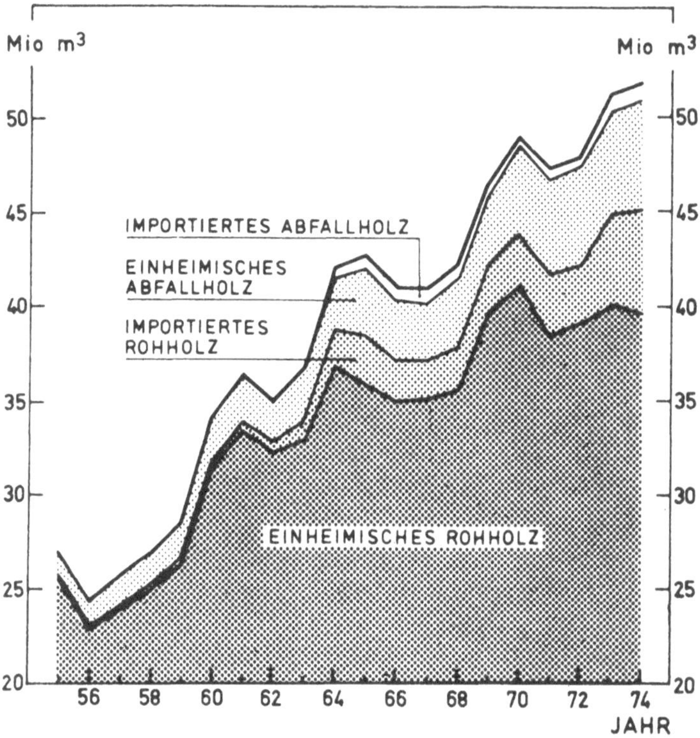


Abb. 5. Die Holzverarbeitung der finnischen Industrie im Zeitraum 1955—1974

Abb. 6. Die Zellstoff- und die Papier- und Kartonproduktion in Finnland im Zeitraum 1955—1974

dung von Holz für Heizungszwecke gingen merklich zurück. In den letzten Jahren lagen bei verschiedenen Holzarten die Einschlagsmengen gebietsweise unter der nachhaltig tragbaren Rate; andererseits wurde seit Anfang der sechziger Jahre in ganz Finnland zu viel Laubholz geschlagen. Gegenwärtig liegt der zulässige Einschlag bei 60 Millionen Kubikmeter im Jahr.

Zur Sicherung der Holzerträge für die Zukunft wurden mehrere Pläne ausgearbeitet. Der 1969 verkündete Plan Mera III hätte schon bis 1980 den zulässigen Einschlag um 7 Mio $m^3$ erhöht; dieser Plan konnte jedoch nicht voll realisiert werden. Der „verzögerte" Plan Mera III würde, durch eine Weltbank-Anleihe finanziert durchgeführt, bis zum Zeitraum 1985—2000 den zulässigen

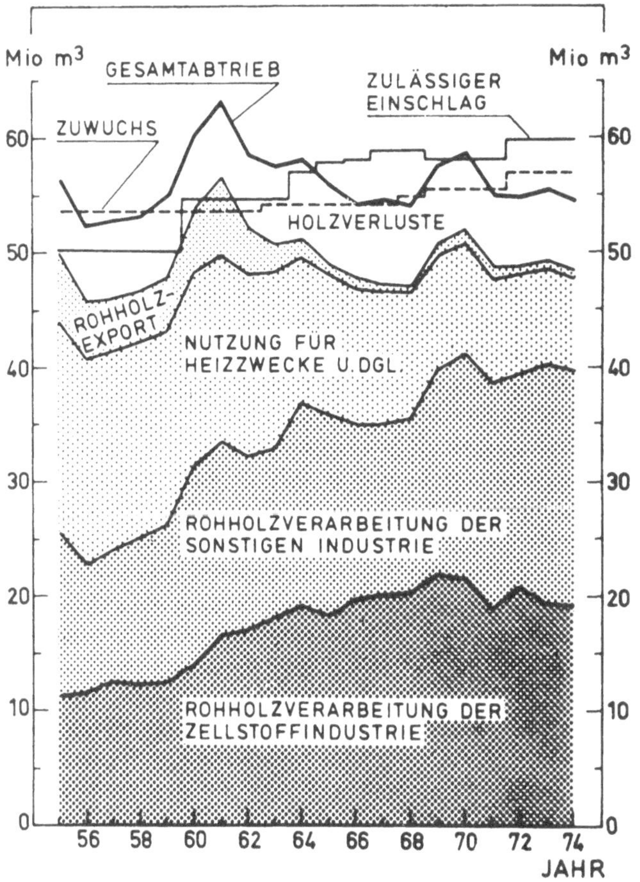


Abb. 7. Abtriebs-Struktur der finnischen Forsten im Zeitraum 1955—1974

Einschlag um 10 Millionen $m^3$ erhöhen. Der sogenannte Grundplan des zulässigen Einschlages, der bisher galt, würde den zulässigen Einschlag um etwa 5 Millionen $m^3$ erhöhen.

In diesen Tagen wird voraussichtlich auch das neue Holzproduktions-Programm fertiggestellt werden, das eine Erweiterung der Forstpflege und -melioration vorsieht, die eine einem etwa fünfprozentigen Zuwachs entsprechende Ertragssteigerung zur Folge haben dürfte. Auf dem Sektor der Forstpflege werden vor allem Jungwuchspflege, Straßenbau und Forstdüngung forciert werden.

### *Maßnahmen zur intensiveren Holznutzung und Sicherung der zukünftigen Holzversorgung in Finnland*

Holz wird von den verschiedenartigsten Industriezweigen als Rohstoff verarbeitet, angefangen von der mechanischen Holzindustrie über die Faserindustrie mit all ihren Produkten bis zur chemischen Industrie.

Im finnischen Außenhandel kam und kommt der auf der Zellstoff- und Papierindustrie basierenden chemischen Holzindustrie die wichtigste Bedeutung zu. So betrug 1974 der Anteil der Forstindustrie am finnischen Gesamtexport etwa 52% oder nahezu 11 Milliarden Finnmark. Nahezu 38% des gesamten Exportes wurden von der Zellstoff- und Papierindustrie, über 14% von der mechanischen Holzindustrie bestritten. Die Herstellung von Fasermaterial und dessen Folgeprodukten, an erster Stelle Papier, stellt somit den wichtigsten Zweig der chemischen Holztechnologie dar.

Ein Großteil der Maßnahmen ist denn auch auf die Fasergewinnung aus Holz und gleichzeitig auf eine möglichst hochgradige Nutzung dieses Rohstoffes gerichtet. Und in diesem Sinne möchte ich auf die Tätigkeit des Finnischen Zellstoff- und Papierforschungsinstitutes zu sprechen kommen, da es die gemeinsame Forschungsstätte der gesamten finnischen Zellstoff- und Papierindustrie darstellt, und die großen Gemeinschaftsprojekte in der Forschung gerade in diesem Institut realisiert werden.

### *Forstdüngung*

Einige der auf die Steigerung der Holzproduktion abzielenden Untersuchungen haben das in gedüngten Forsten gewachsene Holz als Rohstoff für die Industrie zum Gegenstand. Diese Untersuchungen erfolgten in Zusammenarbeit mit der Finnischen Forstforschungsanstalt, welche die eigentlichen Düngungsversuche durchführte. Die ersten Arbeiten dieser Art erfolgten im Zeitraum 1963 bis 1964, in den siebziger Jahren wurden sie fortgesetzt.

Die Forstpflegeversuche haben die Bedeutung der Düngung im Hinblick auf die Verbesserung der Rohstoffbasis klar gezeigt. Der jährliche Holzzuwachs beträgt in Finnland durchschnittlich 3 $m^3$/ha; durch Düngung kann er um 1,5 bis 3 $m^3$/ha gesteigert werden, wobei dieser Mehrzuwachs natürlich vom Nährstoff- und Mineralgehalt des Bodens mitbestimmt wird. Der Maßstab für die Rentabilität des erzielbaren Mehrzuwachses sind in erster Linie die dafür erforderlichen Kosten.

Zu den lohnendsten Düngungsobjekten zählen kurz vor der Hiebreife stehende, holzreiche Bestände.

Untersuchungen über die Auswirkungen der Düngung auf die Eigenschaften des Zellstoffes ergaben, daß diese in gewissem Grade vom Zustand des Bestandes vor der Düngung abhängen. Allgemein genommen ist das aus gedüngten Forsten stammende Holz gut für die Zellstoffgewinnung geeignet. Als Folge der Düngung nimmt der Frühholz-Anteil zu. Auf den Zellstoff wirkt sich dies durch eine Abnahme — nach unseren Ermittlungen um 5 bis 10% — des Weiterreißwiderstandes aus. Handelt es sich um die Düngung kurz vor der Hiebreife stehender Bestände, so bleibt der größere Frühholz-Anteil praktisch ohne Bedeutung.

*Sägeabfälle*

In dem Bestreben, die Zellstoffproduktion zu steigern, wurde auch die Möglichkeit geprüft, Sägeabfälle zu verarbeiten. Dabei beschritt man zwei verschiedene Wege: Die Gewinnung halbchemischen Stoffes unter Verwendung lösender Basen und die Gewinnung von Sulfatzellstoff. Die eigentlichen Untersuchungen fanden Anfang der fünfziger Jahre, Vorversuche hierzu jedoch bereits zehn Jahre früher statt. Neuerdings verarbeitet die finnische Sulfatzellstoffindustrie beträchtliche Mengen industrieller Holzabfälle. 1973 entfielen 23% des von der finnischen Sulfatzellstoffindustrie verarbeiteten Rohmaterials auf einheimische Industrie-Holzabfälle und 24% auf Importholz, das sowohl Roh- als auch industrielles Abfallholz umfaßte. Nur zur reichen Hälfte wurde einheimisches Rundholz verarbeitet.

Anfang der sechziger Jahre folgten entsprechende Sägemehl-Untersuchungen. Gegenwärtig beträgt in Finnland die Produktionskapazität für Sägemehl-Sulfatzellstoff knapp 250 000 t pro Jahr; eine Erweiterung in den kommenden Jahren ist vorgesehen.

*Fällungsrückstände und Baum-Vollnutzung*

Als der Rohstoffmangel immer deutlicher in Erscheinung trat, begann man auch Untersuchungen über die Verwertungsmöglichkeiten der verschiedenartigen Fällungsrückstände — in erster Linie als Rohstoff für die Herstellung von Sulfatzellstoff — anzustellen.

In unserem Institut wurden Ende der sechziger Jahre Hackspäne aus dem ganzen Baum einschließlich Stamm, Krone und Äste für die Sulfatzellstoffgewinnung untersucht. Die Verarbeitung so gewonnener Hackspäne beginnt sich in Nordamerika bereits durchzusetzen. In Europa liegt man in dieser Beziehung um 2 bis 3 Jahre zurück [6].

Eine Studie über die Verwendung von Nadelholz-Stümpfen wurde 1969, eine solche über Hackspäne aus der gesamten Baummasse im darauffolgenden Jahr abgeschlossen. Diese Arbeiten gaben den Anstoß zur gründlicheren Klärung dieser Fragen anhand ausgedehnter Versuche. Eine Untersuchung über die im Zusammenhang mit der Brenntorf-Gewinnung sozusagen als Nebenprodukt anfallenden Moor-Stümpfe wurde vor kurzem abgeschlossen; entsprechende Versuche im Fabrikmaßstab erfolgten im Zeitraum 1971 bis 1972.

Heute nutzt in Finnland bereits eine Fabrik — als erste in der Welt — diese Moor-Stümpfe als Rohstoff für die Zellstoffherstellung [6].

Über die Nutzung von Astholz ist eine ähnlich umfangreiche Untersuchung im Gange.

*Kleinholz und Birkenholz*

Der Nutzung von Kleinholz wird in Finnland schon seit den ersten Jahrzehnten dieses Jahrhunderts Beachtung geschenkt. Zum Kleinholz rechnete man dabei anfangs u. a. Brenn-, Papier- und Grubenholz. Bedingt durch die starke Expansion der Zellstoff- und Papierindustrie erfuhr diese Angelegenheit in den fünfziger und sechziger Jahren eine Neueinschätzung, in deren Zusammenhang als Kleinholz das sogenannte Nadeldünnholz (Durchmesser unter 7—8 cm), das unter dem „normalen“ Papierholzmaß lag, das Laubschichtholz in seiner Gesamtheit, Abfallholz u. dgl. definiert wurden.

In diese Gruppe der Holznutzungs-Untersuchungen gehörten ferner die von mir an der Åbo Akademi in den vierziger und fünfziger Jahren durchgeführten Untersuchungen über Birkenholz, die sich über einen Zeitraum von 10 Jahren erstreckten. Ein Teil dieser Arbeiten hatte die Anatomie und die chemische Zusammensetzung von Birkenholz sowie Rinden-Chemie zum Gegenstand; der restliche Teil, der in einer elfteiligen Artikelserie veröffentlicht wurde, behandelte Birkenholz als Rohmaterial für die Zellstoffgewinnung. In den fünfziger und sechziger Jahren wurden dann auch im Finnischen Zellstoff- und Papierforschungsinstitut Birkenholz-Untersuchungen durchgeführt.

Die Verarbeitung von Birkenholz zu Sulfatzellstoff setzte geradezu explosionsartig ein. Verbrauchte die finnische Zellstoffindustrie 1952 lediglich 3 500 $m^3$ Birke, so waren es 1962 bereits 880 000 $m^3$, d. h., die Menge war auf das Zweihundertfünfzigfache gestiegen. Im Jahre 1972 betrug die Anwendung von Birke in der Zellstoffindustrie schon mehr als 3 Millionen $m^3$. Der im Birkenzellstoff auch nach dem Sulfatkochen noch enthaltene Extraktstoff, seine Veränderungen und seine Abscheidung sowie auch das im Tallöl befindliche Birkenöl waren Gegenstand zahlreicher Arbeiten.

Weiter wurden relativ umfangreiche Untersuchungen über die Eignungsfähigkeit verschiedenartiger Birkenzellstoffe für die einzelnen Papiersorten angestellt, in deren Zusammenhang Klarheit darüber geschaffen werden konnte, innerhalb welcher Grenzen Birke allein oder vermischt mit anderen Stoffkomponenten verwendet werden kann. Aktuell waren dabei natürlich auch Mahlungs-Untersuchungen, welche Aufschluß über die Vorteilhaftigkeit von Misch- und Separatmahlung in den einzelnen Fällen lieferten.

Trotz des Umstandes, daß man durch Separatmahlung gewisse Vorteile erreichen kann, wird die Mahlung in der Praxis als Mischmahlung ausgeführt. Die Investierungen, die die Separatmahlung verlangt, werden von den erzielten Vorteilen nicht aufgewogen.

Das wichtigste Anwendungsgebiet des Birkenzellstoffes ist die Verwendung von Birkensulfat im Druckpapier, wo die Feinheit der Birkenfasern die Durchsicht des Papiers und die für die Bedruckbarkeit wichtige Opazität verbessert. Außerdem bewirkt der Birkenzellstoff eine zweckmäßige Porenverteilung in der Papierstruktur im Hinblick auf die Druckfarbenabsorption.

Eine weitere wichtige Papiersorte, bei der die Spezialeigenschaften der Birke genutzt werden, ist Wellenpapier. NSSC-Birkenstoff verleiht dieser Qualität ausgezeichnete Steifigkeitseigenschaften und garantiert gute Laufeigenschaften in der Wellpappenmaschine.

Geklärt wurden auch die Verwendungsmöglichkeiten von Birkensulfatzellstoff als Rohmaterial für gebleichten Karton und in der Deckschicht von Chromoersatzkarton. Gebleichter Birkenstoff kann für die Deckschicht von Chromoersatzkarton in Mengen von 35 bis 50%, in Sonderfällen sogar in Mengen bis zu 80% verwendet werden. Dabei ergeben sich folgende Vorteile: Gleichmäßigere Deckschicht-Beschaffenheit, bessere Opazität sowie verbesserte Streich- und Bedruckbarkeit.

*Holz aus Beständen mit kurzer Umtriebszeit*

Besonders in den letzten Jahren wurde überall in der Welt die Verarbeitung von Jungholz, und zwar namentlich von jungem Laubholz, aktuell. Die Holzernte erfolgt hierbei in einem so frühen Stadium, daß lediglich die Zeit des stärksten Wachstums genutzt wird. Auch in Finnland und seitens des Finnischen Zellstoff- und Papierforschungsinstituts war man bestrebt, für diese Wirtschaftsform geeignete Holzarten und Verarbeitungsmöglichkeiten für den so gewonnenen Rohstoff zu ermitteln. Weidenbestände können bei einer Umtriebszeit von zehn Jahren durchschnittlich 11 $m^3$ Holz pro Hektar und Jahr liefern [7]; die Stoffausbeute belief sich entsprechend auf 2 Tonnen pro Hektar und Jahr.

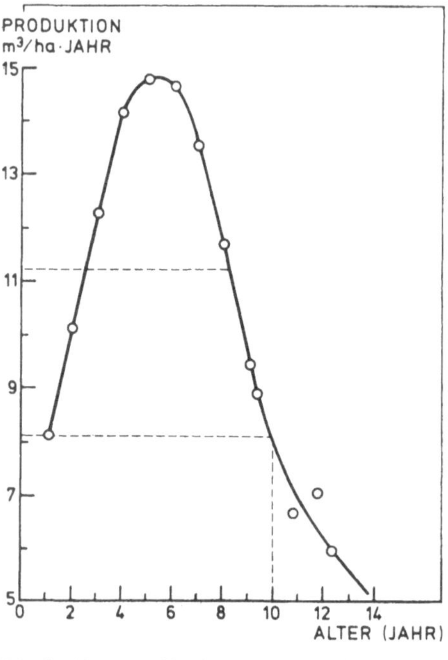


Abb. 8. Aktuelles Wachstum von Weide in Nordschweden (und Finnland)

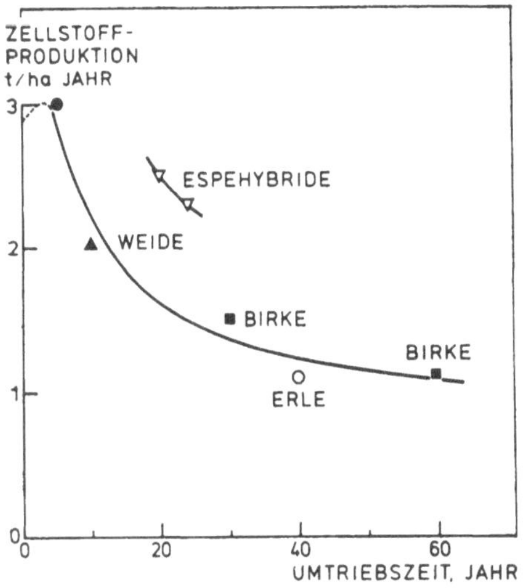


Abb. 9. Produktion von Sulfatzellstoff aus unentrindetem Laubholz im Vergleich mit der Umtriebszeit

*Festigkeitsvergleich zwischen aus unterschiedlichem Rohmaterial hergestellten Zellstoffen*

Einen Begriff von den Festigkeitswerten aus verschiedenem Rohmaterial hergestellter Sulfatzellstoffe vermittelt dieses Diagramm (Abb. 10), in welchem das Festigkeitsprodukt aus Bruchwiderstand und Weiterreißwiderstand bei 30° SR in Abhängigkeit von der Faserlänge dargestellt ist. Die größte Festigkeit weist, wie ersichtlich, der aus Nadelstammholz gewonnene Zellstoff auf, gefolgt von Zellstoff aus „Vollbaum-Hackspänen", d. h. aus Hackspänen, welche sowohl Ast- als auch Stammholz enthalten. Auch Stumpfholz ergibt immerhin noch etwa 70% der mit Stammholz erzielten Festigkeit, während bei Astholz bereits ein Absinken auf etwa 50% zu verzeichnen ist. Die Faserlänge von Moor-Stumpfholz, zu dem hier bei der Torfgewinnung anfallende Stümpfe und Moorholz gerechnet werden, entspricht der frischen Stumpfholzes. Der daraus hergestellte Zellstoff entspricht jedoch in seiner Festigkeit am ehesten Laubholz-Zellstoff. Wie aus der Abbildung ersichtlich ist, liegen die dem Birkenstammholz und die dem Moor-Stumpfholz zugeordneten Punkte etwa auf gleicher Höhe. Den festigkeitsmäßig schwächsten Zellstoff liefert unentrindetes Holz aus Beständen mit fünfjähriger Umtriebszeit. Bezieht man in den Vergleich Fichtensulfitzellstoff ein, so käme dieser zwischen dem Zellstoff aus Koniferen-Astholz und dem aus Birkenstammholz zu liegen.

Was die Verarbeitungsmöglichkeiten der aus den verschiedenen Rohstoffen gewonnenen Zellstoffe betrifft, so kann Stumpfholz-Zellstoff in einer Menge von bis zu 10% dem aus Laubstammholz hergestellten Zellstoff zugesetzt werden, ohne daß die Festigkeitseigenschaften darunter leiden. Im gezeigten Falle Abb. 10 enthielten die „Vollbaum-Hackspäne" bei Kiefer 14%, bei Fichte 25% Astholz, und seine Wirkung auf die Festigkeitswerte läßt sich nicht verleugnen. Bei „Vollbaum-Hackspänen" wie auch bei Astholz-Hackspänen ist außerdem der Faktor Rinde, bei sogenannten „Grünhackspänen" noch der Faktor Laub und Nadeln im Spiel, welche in der Kocherei zu Schwierigkeiten beim Flüssigkeitsumlauf führen. Die Verarbeitung eines schwächeren Rohstoffes setzt Ermittlungen darüber voraus, für welche Papiersorten er sich tatsächlich verwen-

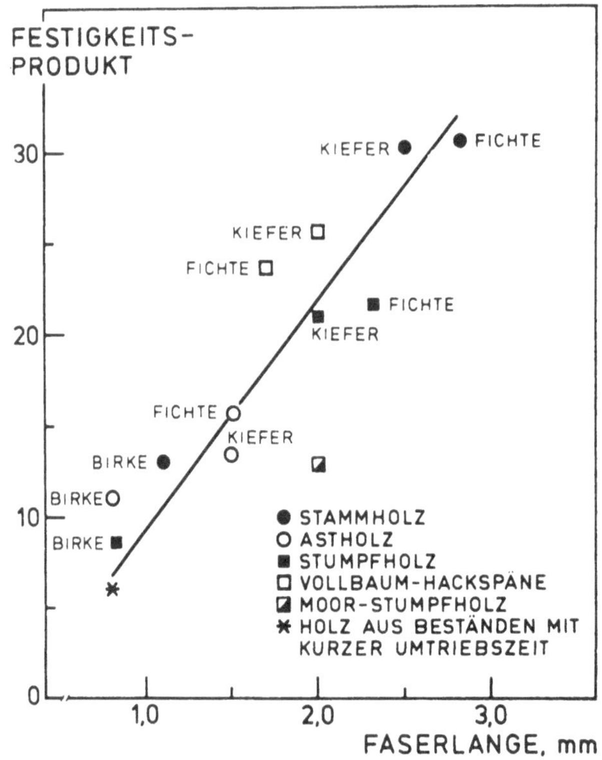


Abb. 10. Vergleich der Festigkeitseigenschaften

den läßt, ohne daß eine Qualitätsminderung eintritt. Beispielsweise „Vollbaum-Hackspäne" scheinen ein geeignetes Ausgangsmaterial für diverse Platten, für Wellenpapier, vielleicht auch für Sulfatzellstoff und Chemieerzeugnisse zu sein. Eine interessante Möglichkeit z. B. für Holz aus Beständen mit kurzer Umtriebszeit dürfte sich in der Herstellung saugfähiger Einwegprodukte bieten. Festigkeit spielt bei diesen eine untergeordnete Rolle. In unserem Institut hat man die Möglichkeit der Sauerstoffbleiche solchen Materials untersucht. Das Absorptionsvermögen und der Weißgrad des Zellstoffs werden dadurch gesteigert, die aus dem Laubholz stammenden Extraktstoffe entfernt, und auch der Gehalt an Rindenfragmenten geht zurück.

Die Verarbeitung des Baumes in seiner Gesamtheit zu Hackspänen und die Weiterverarbeitung derselben ist eng mit der Mechanisierung der Holzernte verquickt. In Finnland arbeitet bereits eine Fabrik — als erste in Europa — auf dieser Rohstoffbasis; die Hackspäne dienen dort der Gewinnung von Furfural.

*Verbesserung der Ausbeute*

Schon Ende der fünfziger Jahre, systematischer dann 1969 und 1970, wurden mehrere Untersuchungen über Sulfitzellstoff erhöhter Ausbeute durchgeführt. Die gegenwärtig aussichtsreichste in der Richtung erhöhter Ausbeute liegende Arbeit hat die Herstellung von Refiner-Holzstoff und thermomechanischem Holzstoff zum Inhalt.

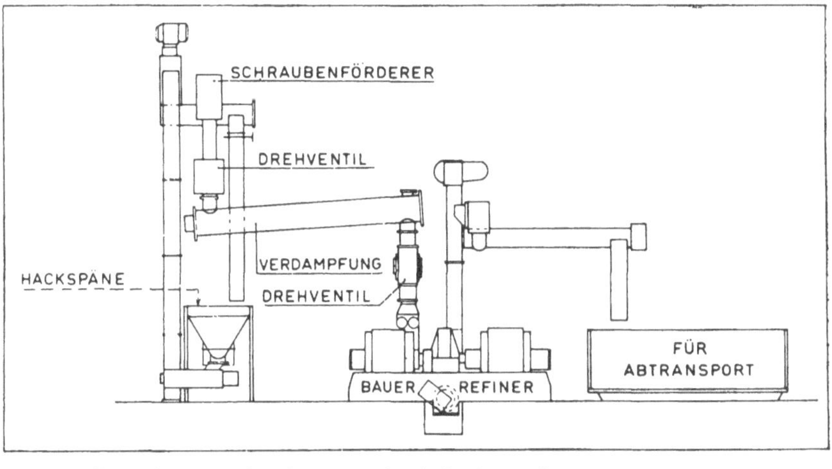


Abb. 11. Versuchsanlage für thermomechanische Zellstoffherstellung

In den letzten beiden Jahren waren die Eigenschaften des thermomechanischen Holzstoffes und das Wesen seines Gewinnungsprozesses Gegenstand von Untersuchungen. Offensichtlich haben Verfahren dieser Art eine Zukunft, bedenkt man die intensive Rohstoffnutzung, den Kostendruck und den Umweltschutz. Noch in diesem Herbst wird im Finnischen Zellstoff- und Papierforschungsinstitut ein großangelegtes Projekt über thermomechanischen Holzstoff anlaufen, dessen Hauptziel die Senkung der Produktionskosten von Papier- und Kartonerzeugnissen unter besonderer Berücksichtigung der Rohstoffbasis ist. Im Hinblick auf dieses Vorhaben wird eine modifizierbare Versuchsrefineranlage im industriellen Maßstab angeschafft.

*Restfaser-Verwertung*

Auf eine möglichst vollständige Nutzung des Rohstoffes und gleichzeitig auf die Erfüllung von Umweltschutzforderungen zielt eine gegenwärtig laufende Untersuchung über die Verwertung von Restfasern, d. h. von sogenanntem Faserschlamm ab. In der ersten Phase dieser Arbeit wurde die in Finnland anfallende Faserschlammenge ermittelt. In Versuchen wurde solcher Faserschlamm durch ein Dorr-Oliver-Sieb geschickt, und das so aussortierte Fasergut konnte Graupappe in einer Menge von 20%, Hülsenpappe in einer Menge von 30% zugesetzt werden, ohne daß sich Prozeßführungs- oder Qualitätsprobleme ergaben.

*Entwicklung chemischer Produkte aus Zellstoffgewinnungs-Abfällen*

Pekilo

Eng verknüpft mit der hochgradigen Rohstoffnutzung ist auch eine Untersuchung über die möglichst nutzbringende Verwertung der beim Zellstoffgewinnungsprozeß entstehenden Abfälle. Allein die Sulfitablaugen der finnischen Industrie enthalten jährlich rund 400 000 t Kohlenhydrate und sonstige vergärbare Stoffe. Als Ergebnis zehnjähriger Entwicklungs- und Forschungstätigkeit wurde in unserem Institut der Pekilo-Prozeß entwickelt, bei dem mit Hilfe von Mikropilzen Futterprotein und später möglicherweise auch für Nahrungsmittel verwendbares Protein aus Ablaugen und anderen aliphatische Verbindungen enthaltenden Lösungen gewonnen wird. Im vergangenen Frühjahr nahm in Finnland eine Pekilo-Proteinfabrik der Firma Yhtyneet Paperitehtaat den Betrieb auf. Der Jahresausstoß wird bei 10 000 t Pekilo-Protein liegen.

## Lignosulfonate

Auch die andere bedeutende Komponente der Sulfitablauge, die Lignosulfonate, ist in den letzten Jahren im Finnischen Zellstoff- und Papierforschungsinstitut Gegenstand von Untersuchungen gewesen, welche ergaben, daß die Eigenschaften der Lignosulfonate, d. h. ihre Brauchbarkeit als Leimstoff, wesentlich von der Molekulargewichtsverteilung mitbestimmt werden. Zum Fraktionieren der Lignosulfonate wurden zwei Verfahren entwickelt: Extraktion mit in Butanol gelöstem Dodezylamin und Ultrafiltration. Letzteres Verfahren ist bis zum Pilot-plant-Stadium entwickelt worden und hat bereits zur Herstellung für die Versuche benötigter Lignosulfonat-Partien im Gesamtgewicht von mehreren Tonnen gedient. Aus Lignosulfonaten wurde ein Leimstoff entwickelt — Karatex-Leim —, bei welchem die Lignosulfonate mit Phenolharz kopolymerisiert werden. Dieser Leim eignet sich zur Herstellung von wetterfesten Sperrholz- und Spanplatten. Die Leimherstellung und das Leimen wurden in drei finnischen Fabriken erprobt. In mehreren Ländern wurde auf diese Erfindung bereits das Patent erteilt, und mit zwei finnischen Unternehmen wurden Lizenzverträge abgeschlossen. Auch mit mehreren ausländischen Interessenten laufen Verhandlungen über die Verwendung dieses Leimes.

Weiter wurde ein Leimungsverfahren entwickelt, welches statt mit Leimlösung mit Lignosulfonatpulver arbeitet.

Die Entwicklung der vorangehend aufgezählten Chemieprodukte erfolgte auf der Basis von Sulfitablauge. Auch aus alkalischem Lignin wird gegenwärtig ein Leim entwickelt. Das Verfahren ist bereits zum Patent angemeldet.

## Tallöl

Ein bekanntes Nebenprodukt der Sulfatzellstoffindustrie ist Tallöl, nach dessen Fett- und Harzsäuren große Nachfrage besteht. Besonders zu erwähnen ist der außerordentlich hohe Extraktstoffgehalt des Stumpfholzes — er liegt etwa doppelt so hoch wie bei Stammholz —, der bei Verarbeitung dieses Rohstoffes eine entsprechend hohe Ausbeute liefert.

In unserem Institut liefen im vergangenen Jahr Versuche über die Verbesserung der Tallöl-Qualität. Hiebreife Bäume wurden im Wald mit quaternären Ammoniumverbindungen behandelt, welche zuerst in den Spätholz-, dann auch in den Frühholz-Tracheiden Harzbildung bewirken. Auf diese Weise läßt sich der Harzgehalt zeitweise auf bis zu 40%, bezogen auf die Holzmenge, erhöhen. Das so gebildete pathologische Harz besteht hauptsächlich aus Harzsäuren. Das Harz eines Baumes ist um so harzsäurereicher, je mehr Harz gebildet wird.

Da bei Verarbeitung von Birke — u. a. wegen deren geringen Harzsäuregehaltes — die Tallöl-Qualität beeinträchtigt wird, hatte man bei der künstlich bewirkten Harzbildung die Qualitätsverbesserung solchen Mischöls im Auge.

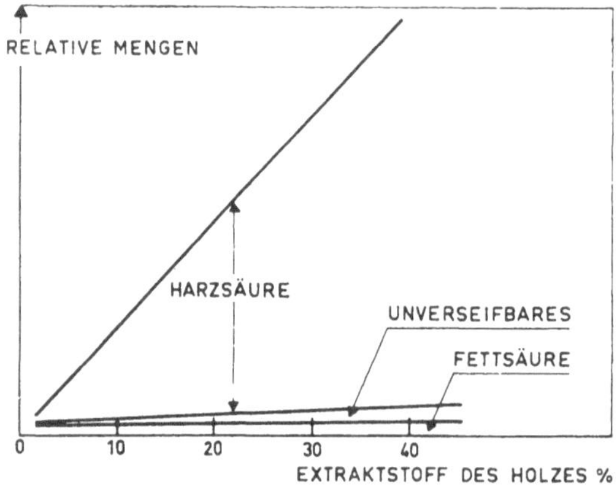


Abb. 12. Extraktstoff-Zusammensetzung, mit Herbizide behandelte Kiefern

In Finnland wurde unter der Leitung von Professor Eero Avela ein Verfahren, der sogenannte CSR- (Crude Soap Refining)-Prozeß, entwickelt, nach welchem sich aus der Schmierseife der Birke und Kiefer verarbeitenden Sulfatzellstoffwerke Kiefern-Schmierseife mit einer Säurezahl von 150 bis 160 mg KOH/g abtrennen läßt. Die ursprüngliche Schmierseife enthält 20 bis 30% Neutralstoffe und hat eine Säurezahl zwischen 100 und 130 mg KOH/g. Bei besagtem Verfahren wird die Schmierseife mit organischen Lösungsmitteln extrahiert; die dabei entstehenden Phasen werden voneinander getrennt. Die Schmierseifen-Phase enthält das gewünschte Endprodukt, das Mischöl. Die Neutralphase setzt sich aus den Lösungsmitteln und den sogenannten Neutralstoffen zusammen. Die Lösungsmittel werden von der Neutralphase getrennt. Der Rückstand wird vorläufig noch der Verbrennung zugeführt, über die Verwertung der Neutralstoffe aber laufen gegenwärtig z. B. in der Arzneimittelindustrie Untersuchungen. Der Bau der ersten Anlage dieser Art ist bereits beschlossen [8, 9].

*Weitere Holzchemie-Innovationen in Finnland*

Wie aus dem Vorangehenden hervorgeht, zielt die chemische Verarbeitung von Holz und die damit verknüpfte Forschungstätigkeit in Finnland hauptsächlich auf die Herstellung von Fasergut und dessen Nebenprodukten ab. Aber auch einige andere interessante Anwendungsformen sind in letzter Zeit in Erscheinung getreten.

## Furfural

Ende der sechziger Jahre entwickelte die finnische Firma Oy W. Rosenlew Ab ein kontinuierliches Furfural-Herstellungsverfahren. Als Rohmaterial dienen Birkenhackspäne mit einem Pentosangehalt von etwa 25%.

Das Verfahren basiert auf kontinuierlicher, unter erhöhtem Druck und erhöhter Temperatur erfolgender Wasserdampf-Hydrolyse, so daß die durch das Arbeiten mit Schwefelsäure bedingten Nachteile entfallen. Bei hoher Ausbeute liefert dieses Verfahren ein Produkt von höchster Reinheit; der Reinheitsgrad kann bis zu 99,95% betragen. Der Rückstand dient sowohl als Rohstoff für die Sulfatzellstoffindustrie als neuerdings auch als Energiequelle. Die noch Versuchscharakter aufweisende Fabrik nahm 1968 die Produktion auf; sie wurde dann für zwei Jahre stillgelegt, arbeitet aber inzwischen wieder. Der Jahresausstoß beträgt 1000 Tonnen. Als Nebenprodukt wird Essigsäure gewonnen. Wie bereits erwähnt, wurde die Furfuralproduktion unter Verwendung von „Vollbaum-Hackspänen" als Rohstoff aufgenommen. Oy W. Rosenlew Ab projektiert und exportiert auch Furfuralgewinnungsanlagen.

## Xylitol

Ein weiteres Verfahren zur Verwertung von Birken-Pentosanen ist das von Suomen Sokeri Osakeyhtiö entwickelte Xylitol-Gewinnungsverfahren, bei welchem Birkenhackspäne auf bekannte Weise mit verdünnter Schwefelsäure im Druckkocher hydrolysiert werden. Die Xylose wird vom Hydrolysat abgetrennt und unter Verwendung von Nickel-Katalysator zu Xylitol hydriert. Das Neue bei diesem Verfahren ist das sogenannte Ion-Exclusion-Verfahren, nach welchem die Zucker und abschließend auch das Hydrationsprodukt voneinander getrennt werden. Das Endprodukt wird aus wäßriger Lösung auskristallisiert. Das Verfahren ist wirtschaftlich vorteilhafter als die bisherigen Verfahren und liefert ein hochreines Produkt. Bisher war die Weltproduktion an Xylitol mit weniger als 1000 Tonnen (im Jahr) sehr gering.

In Finnland durchgeführte Versuche, in denen Zucker durch das Süßungsmittel Xylitol ersetzt wurde, ergaben, daß u. a. so hergestellter Kaugummi karieshemmend wirkt. Die bisherige Produktion ging im wesentlichen an die pharmazeutische Industrie.

*Holz als Rohmaterial der Kunststoffindustrie*

Mit der Erkenntnis, daß die Weltölvorräte ständig abnehmen, und vor allem auch während der sogenannten Ölkrise legte man in der Forschung immer mehr Gewicht auf die sich erneuernden Rohstoffe, u. a. auf die Verwertung von Holz. So hat man denn in letzter Zeit — u. a. dieses Jahr auf einigen großen Kongressen in Amerika — die Möglichkeit der Herstellung von Kunststoffen auf Holzbasis erörtert. Unter anderen hat der amerikanische Forscher Dr. Irving S. Goldstein [10] Berechnungen über die Holzmengen angestellt, die erforderlich wären, um die von der USA-Industrie 1973 ausgestoßenen Kunststoffmengen herzustellen. Er kam dabei auf einen Wert von 50 Millionen Tonnen im Jahr, mit denen sich 95% der Kunststoffmenge herstellen ließen. Realisieren ließe sich dies in einem großen integrierten Werk, welches auf Holz-Basis arbeitete und alle drei Holz-Komponenten — Zellulose, Lignin und Hemizellulose — nutzen würde. Hierbei wird durch Hydrolyse von Zellulose Äthanol gewonnen, welches u. a. Äthylen und Butadien liefert. Aus dem Lignin erhält man Phenole, und aus Hemizellulose läßt sich Furfural herstellen. Die schlechteste Ausbeute ist mit nur etwa 50% vorläufig noch bei der Herstellung von Glukose in Kauf zu nehmen. Als Äthylen-Herstellungskosten erhält Goldstein in seinen Berechnungen 11,7 bis 16,8 Cent/lb. Gegenwärtig liegt der Preis bei 8 bis 9 Cent/lb. Der niedrigere Schätzpreis setzt voraus, daß die Glukose-Ausbeute auf 75% erhöht wird. Über die Phenolgewinnung aus Lignin liegen keine technischen Erfahrungen vor. Goldstein erwähnt jedoch im kleinen Maßstab durchgeführte Versuche, die Ausbeuten bis zu 40% ergaben. Die Furfuralgewinnung ist, wie bekannt, bereits mit einer Ausbeute von bis zu 75% möglich.

Was das als Rohstoff für die chemische Industrie geeignete Holz betrifft, so hätte Goldstein allein 1970 in den USA 15 Millionen Tonnen ungenutztes Abfallholz gefunden, dazu kämen noch 50 Millionen Tonnen Fällungsrückstände. Als Rohstoff würde sich namentlich das bei der „totalen Forstnutzung" anfallende, qualitätsmäßig schwache Material eignen.

Überall in der Welt werden gegenwärtig mit diesem Komplex verknüpfte Probleme untersucht. Die Sowjetunion verfügt bekanntlich über eine ausgedehnte auf Hydrolyse-Basis arbeitende Industrie, welche Äthanol und Futterhefe sowie Furfural und auch Xylitol liefert. Als Rohmaterial finden neben Holzabfällen auch Abfälle aus der Landwirtschaft Verwendung.

In der UdSSR hat man sich auch mit der Verarbeitung von Laub- und Nadelmaterial als solchem beschäftigt. Bei Baum-Vollnutzung durch Zerschnitzeln dürfte es im allgemeinen angebracht sein, das Nadel- und Laubwerk abzuscheiden, da sich dieses auch nach unseren Untersuchungen beim Zellstoffkochen nachteilig auswirkt. Aus diesem Grünmaterial können ätherische Öle, Chlorophyll- und Karotenprodukte sowie Viehfutter gewonnen werden. Die erste auf dieser Rohstoffbasis arbeitende Futtermittelfabrik nahm in der Sowjetunion schon 1955 den Betrieb auf. Die Jahresproduktion dürfte sich heute auf etwa 100 000 Tonnen belaufen [11].

Auch für die enzymatische Hydrolyse zeigte man in letzter Zeit lebhaftes Interesse. In Japan ist bereits ein halbkommerzielles Institut geplant, in welchem die Produktion von Pullulan-Plastfolie als Ergebnis enzymatischer Stärke-Hydrolyse angestrebt wird [12].

Anfangs folgte die Holzchemie-Forschung der Entwicklung der Technologie, d. h., sie suchte zu erklären, was bei den empirisch entwickelten Prozessen eigentlich vor sich geht. Seit den fünfziger Jahren ist jedoch auf dem Gebiet der Holzchemie ein starker Aufschwung zu verzeichnen. So konnte z. B. inzwischen weitgehend geklärt werden, was in den einzelnen Holzkomponenten beim Zellstoffkochen nach den verschiedenen Verfahren geschieht. Von nun ab wird die Entwicklung der Prozesse offensichtlich auf der Grundlage angewandter, sich auf gesicherte Ergebnisse der Grundlagenforschung stützender Forschung erfolgen.

Die Nutzung des Holzes für die verschiedenen Zwecke läßt sich allgemein durch folgendes Schema veranschaulichen:

Der Produkt-Preis sowie der Preis und die Qualität des Rohstoffes bestimmen, in welchen dieser Ringe der Produktionsschwerpunkt zu liegen kommt. Ist die Faser das wertvollste Erzeugnis, so lohnt es sich ohne weiteres, den Rohstoff in dieser Richtung so intensiv wie irgend möglich zu nutzen, und erst die Rückstände zu Chemieprodukten zu veredeln und was dann eventuell noch übrigbleibt zu verbrennen, d. h. daraus Energie zu gewinnen.

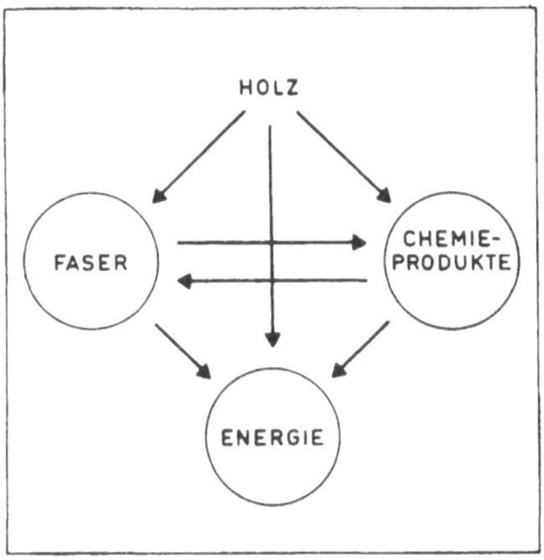


Abb. 13. Nutzung des Holzes

Ein anschauliches Beispiel dafür ist die Nutzung der finnischen Weide aus Beständen mit kurzer Umtriebszeit. Die Faserausbeute der Rinde beim Kochen beträgt 20%; die Gesamtfaserausbeute wird dadurch um etwa 2% erhöht. Es wird hier also ein Fünftel des Materials für die Papierherstellung genutzt, während der Rest mit der Ablauge verbrannt, d. h. in Energie umgewandelt wird. Die Verbrennung der restlichen Rinden-Verbindungen zusammen mit der Ablauge gestaltet sich technisch geradezu günstiger als die Verfeuerung gepreßter nasser Rinde.

Es ist auch weitgehend eine Frage der Energiepreise mit, in welchem Umfange sich die in der Ablauge enthaltenen Chemikalien zu gewinnen und durch andere Brennstoffe zu ersetzen lohnen.

Auch die Rohstoffbasis und die spezifischen Verhältnisse und Bedürfnisse des Landes, in der die Herstellung erfolgt, spielen bei der Festlegung der Holznutzungsart eine Rolle. Diese Faktoren sind von Land zu Land verschieden und führen natürlicherweise zu unterschiedlichen Entscheidungen.

## Literatur


[1] Eklund, R.: Puun tulevaisuus uusiutuvana raakaaineena. Insinööriuutiset — Ingenjörsnytt (1975): 39, 4, 34.

[2] — Study of timber trends and prospects in the ECE region 1950—2000. UN/ECE TIM/R.22/Add. 1, 19 June 1975.

[3] Sjöström, E.: Present Trends and Alternatives in Chemical Wood Processing. (In Swedish) Kemia — Kemi **1** (1974): 8, 497—504.

[4] Keays, J. L., und J. V. Hatton: The implication of full-forest utilization on worldwide supplies of wood by year 2000. Pulp Paper Int. **17** (1975): 6, 49—52.

[5] Huttunen, T.: Wood consumption, total drain and forest balance in Finland in 1972—74. (In Finnish, English summary and Tables) Folia Forestalia 219, Metsäntutkimuslaitos. Institutum Forestale Fenniae. Helsinki 1974, 49 pp.

[6] Hakkila, P.: Metsäteollisuudelle lisäraaka-ainetta puun talteenottoa tehostamalla. Taloudellinen katsaus, Kansallis-Osake-Pankki (1975): 2, 11—21.

[7] Sirén, G., W. Jensen und B. Lönnberg: Short-rotation wood for pulp and papermaking. Symposium Utilizacion de nuevos recursos forestales para la industria papelera. Asociacion de Investigacion Tecnica de la Industria Papelera Espanola, UNIDO, FAO, EUCEPA, Madrid 1974, 65—90.

[8] — Koivu- ja mäntysuovan jalostusprosessi. Aaretti (1975): 1, 6—7.

[9] Johansson, A.: Kaukas först med CSR-process för rü tallsåpa. Cellulosa (1975): 2, 34.

[10] Goldstein, I. S.: Wood draws attention as plastics feedstock. Chem. Eng. News **53** (1975): 16, 13—14.

[11] KEAYS, J. L., und G. M. BARTON: Recent advances in foliage utilization. Department of the Environment, Canadian Forestry Service, Western Products Laboratory, Vancouver 1975, 94 pp.
[12] RICCI, L. J.: Polymers' Raw-Material Base Expected to Broaden. Chem. Eng. **82** (1975): 11, 64–66.

Burkart Philipp

## Polymerchemische Modifizierung der Zellulose — erreichter Stand und offene Probleme

Im Rahmen dieser der Bereitstellung und Nutzung des Roh- und Werkstoffs Holz gewidmeten Klassensitzung soll in Ergänzung des Hauptvortrages ein Überblick gegeben werden über den erreichten Stand und die derzeit absehbaren Probleme der polymerchemischen Modifizierung des Zellulosemoleküls, da ja die Zellulose mengenmäßig die Hauptkomponente des Holzes darstellt und für eine chemische Weiterverarbeitung des Rohstoffs Holz zur Zeit die wesentlichste Rolle spielt. Dieser Überblick beschränkt sich bewußt auf eine chemische Modifizierung unter Erhaltung des makromolekularen Charakters der Grundsubstanz, klammert also Arbeitsrichtungen wie die Totalhydrolyse bis zur Glukose oder die Herstellung von niedermolekularen Carbonsäuren bzw. Oxycarbonsäuren durch alkalischen Abbau bei höherer Temperatur aus.

Die Entwicklung bis zum heute erreichten Stand vollzog sich bei der polymerchemischen Modifizierung der Zellulose auf zwei zunächst weitgehend unabhängig voneinander verlaufenden Wegen: Einerseits führte das Bestreben, die Werkstoffeigenschaften der Zellulose zu verbessern und ihre Einsatzmöglichkeiten vor allem als Faserwerkstoff zu erweitern, zur Entwicklung einer Reihe chemischer Technologien zur Derivatherstellung auf einer zunächst weitgehend empirischen Grundlage, bei denen ausschließlich die Produkteigenschaften und nicht die zugrunde liegenden Reaktionsabläufe interessierten. Dies gilt sowohl für chemische Modifizierungen unter Erhaltung des Faserverbandes als auch für die Gewinnung löslicher Derivate mit dem Ziel, die kurzfasrige Holzzellulose durch einen anschließenden Spinnprozeß in endlose Fäden überzuführen. Klassische Beispiele hierfür sind der Viskoseprozeß, der bereits im 10 000-t-Maßstab großtechnisch praktiziert wurde, bevor eine physikochemische bzw. polymerchemische Bearbeitung der Struktur des Zellulosexanthogenats und des Mechanismus seiner Bildung überhaupt begonnen wurde, oder aus neuerer Zeit die Hochveredelung von Baumwollzellulose mittels vernetzender Reagenzien, deren Wirkungsmechanismus wir erst in letzter Zeit zu verstehen beginnen. Der andere Weg geht auf Hermann Staudinger zurück, der in seinen grundlegenden Arbeiten zur Entwicklung des Makromolekülbegriffs und zur Klärung der Frage, inwieweit chemische Umsetzungen an Makromolekülen überhaupt möglich sind unter Erhaltung ihrer makromolekularen Struktur, vielfach auf die Zellulose als Modellsubstanz zurückgriff und hier unter zunächst rein akademischen Gesichtspunkten der Frage nachging, inwieweit eine sogenannte polymeranaloge Umsetzung, d. h. eine Reaktion am Makromolekül unter Erhaltung der ursprünglichen Kettenlänge möglich ist, und in welchem Umfange dabei die einzelnen Hydroxylgruppen des Glukoseringes im Zellulosemolekül bei verschiedenen Umsetzungen substituiert werden. Bei diesen Arbeiten stand also eindeutig der Modellcharakter zur Gewinnung verallgemeinerungsfähiger Zusammenhänge und nicht die Herstellung eines Produktes mit bestimmten Werkstoffeigenschaften im Vordergrund. Erst in den letzten drei Jahrzehnten, in denen wir eine zunehmende Integration der Zellulosechemie in das Gesamtgebiet der Polymerforschung feststellen können, laufen beide Wege zunehmend zusammen.

Der *heute erreichte Stand* der polymerchemischen Modifizierung der Zellulose kann hier natürlich nur thesenartig als Überblick behandelt werden, wobei zudem die Auswahl subjektiv ist:

1. Die seinerzeit von Staudinger aufgeworfene Frage nach der „polymeranalogen" Umsetzung der Zellulose, d. h. also der Umsetzung ohne Kettenabbau, ist heute dahingehend geklärt, daß wir bei jeder chemischen Reaktion am Makromolekül neben der angestrebten Umsetzung an bestimmten funktionellen Gruppen die kettengerüstverändernden Reaktionen des Abbaues und der Vernetzung in Betracht ziehen müssen, deren Ausmaß von Reaktionstyp, Reaktionsmedium und Zelluloseausgangsstruktur abhängt. Für die chemische Modifizierung der Zellulose bedeutet das, daß neben der Umsetzung an den drei Hydroxylgruppen grundsätzlich Abbauvorgänge, insbesondere durch Sprengung der glycosidischen Sauerstoffbrücken berücksichtigt werden müssen. Die sogenannte „polymeranaloge Umsetzung" stellt damit einen Grenzfall dar, den wir nur in einzelnen Fällen annähernd realisieren können. So läßt sich zum Beispiel eine Carbanilierung oder eine Azetylierung unter bestimmten Bedingungen praktisch abbaufrei bis zum trisubstituierten Derivat führen. Wir sind auch bei einer ganzen Reihe von Zellulosereaktionen in der Lage, in Abhängigkeit von den Reaktionsbedingungen Aussagen über den dabei eintretenden Abbau zu treffen. Trotzdem sind auch heute noch zahlreiche Detailfragen offen, z. B. im Zusammenhang mit der analytisch wichtigen Nitratesterbildung der Zellulose.

2. Vor allem dank der umfangreichen systematischen Arbeiten von Rogowin in Moskau verfügen wir heute über eine weitgehend in sich geschlossene „or-

ganische Chemie der Zellulose", wobei diese Arbeiten zugleich beispielgebend für die gesamte chemische Modifizierung organischer Polymerer gewirkt haben. Ausgehend von den drei Hydroxylgruppen im einzelnen Grundbaustein der Zellulosekette ist der erste Reaktionsschritt zumeist eine Veresterung, Verätherung oder Oxydation bzw. Dehydrierung. Für daran anschließende weitere Syntheseschritte erwies sich der Paratoluolsulfosäureester der Zellulose, die so-

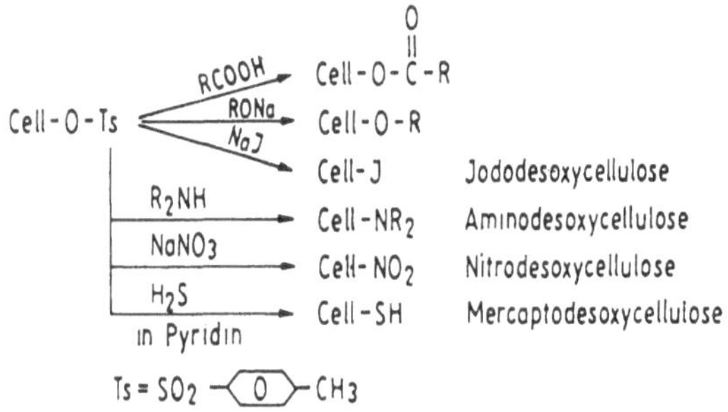


Abb. 1. Umsetzungen an Tosylcellulose (nach Rogovin)

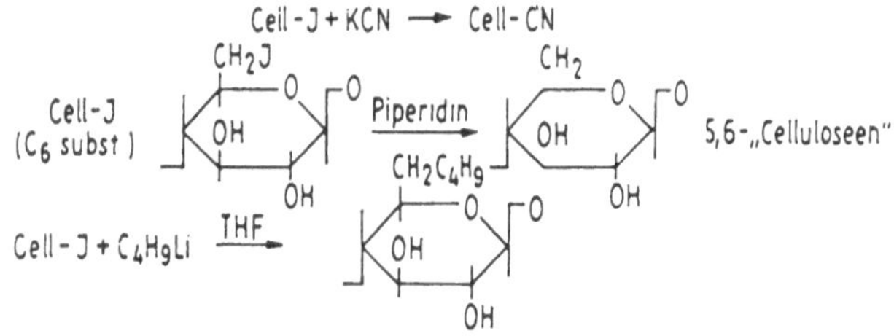


Abb. 2. Mögliche Umsetzungen an Jododesoxycellulose (nach Rogovin)

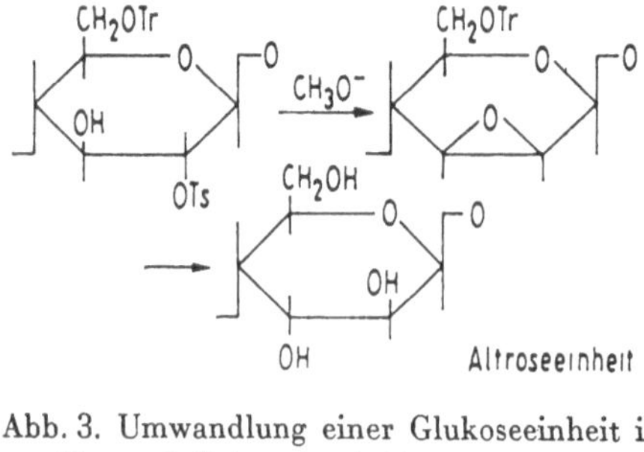


Abb. 3. Umwandlung einer Glukoseeinheit in eine Altroseeinheit unter Verwendung tosylierter Cellulose (nach Rogovin)

genannte Tosylzellulose als besonders geeignet, da aus diesem Produkt entsprechend dem in Abb. 1 gezeigten Schema die verschiedenartigen Desoxyzellulosen mit einer direkten Verknüpfung verschiedener Heteroatome mit dem

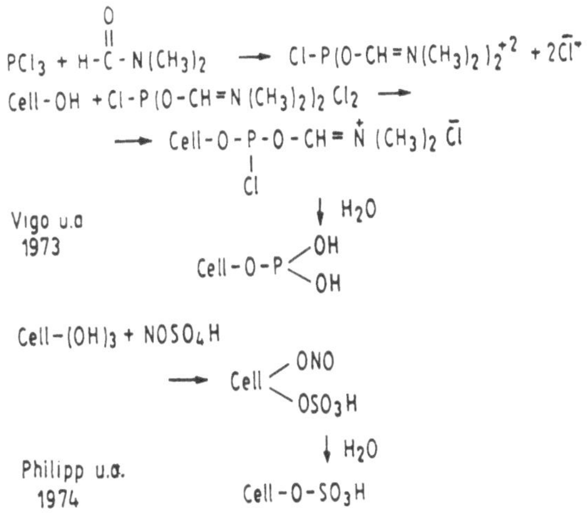


Abb. 4. Neuere Wege zur Herstellung von Celluloseestern

Kohlenstoffgerüst erhalten werden können. Diese Desoxyzellulosen sind dann interessante Ausgangsprodukte für weitere Syntheseschritte, wie dies Abb. 2 für das Beispiel einer kettenaufbauenden Reaktion mit Jododesoxyzellulose darstellt. Unter Erhaltung der Polymerkette ist es heute auch möglich, entsprechend Abb. 3 über eine innere Anhydridbildung Änderungen der sterischen Struktur im Einzelbaustein der Kette zu erreichen und beispielsweise Glukoseringe in Altroseringe umzuwandeln. Einige in letzter Zeit untersuchte neue Möglichkeiten der Zelluloseesterbildung sind in Abb. 4 dargestellt. Daneben verfügen wir heute über eine gewisse phänomenologische Systematik bei den kettengerüstverändernden Reaktionen der Pfropfung und Vernetzung.

3. Für die großtechnisch wichtigste Zellulosereaktion, nämlich die Xanthogenatbildung und -Auflösung zur Viskosespinnlösung einschließlich der daran anschließenden Regenerierung der Zellulose aus dieser Lösung beim Spinnprozeß ist der Mechanismus von der Grundlagenseite her weitgehend geklärt, wobei in diesem Zusammenhang auf Arbeiten von *Klare* und Mitarbeitern zur Xanthogenatzersetzung beim Viskosespinnprozeß sowie auf eigene Arbeiten zu Kinetik und Mechanismus der Xanthogenatbildung und der in einer Viskosespinnlösung erfolgenden Umxanthogenierung, d. h. der Wanderung

von Xanthogenatgruppen, vorwiegend über freien $CS_2$ als Zwischenprodukt, hingewiesen sei.

4. Die bisher behandelten rein chemischen Aspekte berücksichtigen noch nicht die Spezifika der Heterogenreaktion, denn bei den hier betrachteten Umsetzungen bleibt ja der Polymerfestkörper, also z. B. eine Faserstruktur während des ganzen Vorganges erhalten oder es tritt erst allmählich während der Umsetzung ein Übergang vom heterogenen zum homogenen System ein. Im Verständnis dieser Heterogenreaktionen der Zellulose wurden in den letzten zwei Jahrzehnten insofern wesentliche Fortschritte erreicht, als erstens für zahlreiche, insbesondere die technisch wichtigen Reaktionstypen Aussagen über die Zugänglichkeit, die sogenannte Accessibilität, der Hydroxylgruppen für die Umsetzung in Abhängigkeit von Reaktionstyp, Reaktionsmedium und Zelluloseausgangsstruktur vorliegen und damit der unter gewissen Bedingungen erreichbare Substitutionsgrad abgesteckt werden kann, und als wir zweitens heute über eine gewisse Systematik der recht vielfältigen Quell- und Löseprozesse der Zellulose verfügen. Wir können zum Beispiel Aussagen darüber treffen, in welchem Ausmaß eine begrenzte Quellung unter Erhaltung der Faserstruktur bei Zugabe eines bestimmten Quellmittels zu erwarten ist, und welchen Einfluß dabei die sogenannten „Löslichkeitsparameter" und das Molvolumen des Quellmittels sowie die Porenstruktur des eingesetzten Zellulosematerials haben. Wir kennen weiterhin einige grundsätzliche Voraussetzungen für eine Lösewirkung ein- oder mehrkomponentiger Flüssigkeitssysteme gegenüber Zellulose, wobei der Primärschritt offenbar in einer EDA-Komplexbildung unter Beteiligung sowohl des O- als auch des H-Atoms einer zellulosischen Hydroxylgruppe zu sehen ist. Allerdings ist das theoretische Fundament zum Verständnis dieser Quell- und Löseprozesse noch keineswegs abgeschlossen und vollständig, und besonders hinsichtlich der dabei in den höheren morphologischen Strukturebenen auftretenden Veränderungen sind wir nach wie vor auf eine nur qualitative Beschreibung angewiesen.

5. Die heute durch polymerchemische Modifizierung der Zellulose erreichbare Variation der Werkstoffeigenschaften sei hier unter drei Aspekten zusammengefaßt:

– die textilchemische und auch verschiedene textilmechanische Eigenschaften der nativen Baumwollfaser lassen sich durch chemische Modifizierung mit und ohne Veränderung des Kettengerüstes, also z. B. durch eine partielle Verätherung oder durch verschiedenartige Vernetzungsreaktionen in weiten Grenzen verändern. In Form der von Rogowin entwickelten Mtilon-Faser liegt die erste großtechnisch erzeugte Hybridfaser aus Zellulose und einem synthetischen Polymeren vor, indem hier Acrylnitril auf Viskoseregeneratfasern aufgepfropft wird. Darüber hinaus besteht die Möglichkeit, z. B. durch Verätherung der Hydroxylgruppen mit Benzylresten zu thermoplastischen Produkten zu gelangen, ein Weg, der allerdings zur Zeit gegenüber den synthetischen Massenplasten keine praktische Bedeutung hat, ebenso wie auch Elastomerfäden auf Basis einer über Disulfidbrücken vernetzten Zellulose bisher über das Stadium der Laborforschung nicht hinausgelangt sind.

– Bei den nach intermediärer oder permanenter Derivatbildung über den Zustand der Lösung gewonnenen Zellulosefäden und Folien haben wir heute die Möglichkeit, durch geeignete Wahl des Zelluloseausgangsmaterials, der Umsetzungs- und Lösebedingungen und schließlich der chemischen und physikalischen Bedingungen beim Spinnprozeß die Materialeigenschaften in weiten Grenzen zu variieren, wie das Abb. 5 für das Kraftdehnungsverhalten von nach dem Viskosespinnprozeß gewonnenen Fäden zeigt. Wir können darüber hinaus auf Basis eines reichen experimentellen Erfahrungsmaterials in vielen Fällen abschätzen, wie sich die Einflußfaktoren „Zellstofftyp", „Umsetzungsbedingungen" und „Regenerierungsbedingungen" auf die Produkteigenschaften besonders bei Viskoseregeneratfäden auswirken.

– Faden und Folie sind heute jedoch keineswegs die einzige Anwendungsform der Zellulose. Durch partiellen hydrolytischen und/oder mechanischen Abbau gewonnene Zellulosepulver dienen heute als Filterhilfsmittel und Trennmedium, während ihr Einsatz in Nahrungsmitteln zur Zeit umstritten ist. Eine breite Palette an Zelluloseäthern, vor allem mit Methyl-, Carboxymethyl-, Hydroxyäthyl- und Hydroxypropylgruppierungen stehen als lösliche Hilfsmittel zur Verfügung, sowohl für die verschiedensten Zweige der Leicht- und z. T. der Lebensmittelindustrie als auch als Schutzkolloid z. B. bei groß-

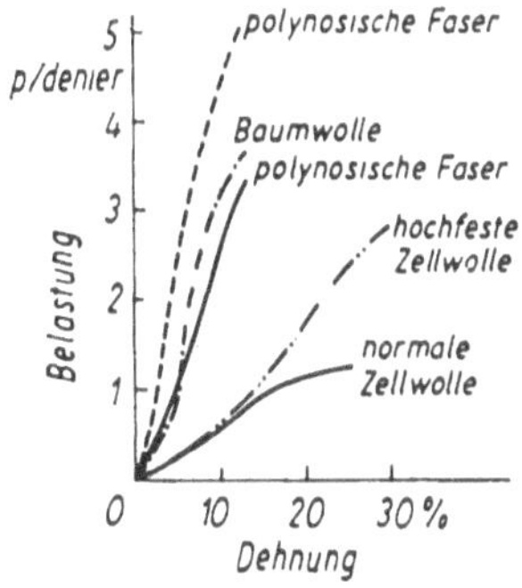


Abb. 5. Kraft-Dehnungs-Kennlinien verschiedenartiger Celluloseregeneratfäden

technischen Polymerisationsprozessen. Bei solchen Zelluloseäthern kennen wir heute auch schon einige Zusammenhänge zwischen Substitutionsgrad, Substituentenverteilung und Löslichkeitsverhalten.

Trotz dieser vielfältigen und mengenmäßig recht umfangreichen Anwendung von Zellulosederivaten bzw. von Regeneratzellulose, die über intermediär hergestellte Derivate verformt wurde, sind jedoch die zur Gewinnung von Werkstoffen, Hilfsmitteln und polymeren Reagentien bestehenden Möglichkeiten noch keineswegs ausgeschöpft, und es bieten sich gleichzeitig für die Grundlagenforschung zahlreiche interessante Fragen an. Diese Probleme sollen nun im Überblick behandelt werden, wobei zunächst einige überwiegend chemische und dann einige vorwiegend physikalisch-strukturelle Aspekte herausgestellt werden. Beide Seiten müssen natürlich bei konzeptionellen Überlegungen und experimentellen Arbeiten zu Mechanismus und Kinetik von Heterogenreaktionen der Zellulose im Komplex gesehen werden.

1. Bei den chemischen Aspekten möchte ich das analytische Problem der Substituentenverteilung und ihrer Bestimmung voranstellen. Nur in relativ wenigen Fällen wird die Umsetzung aller drei Hydroxylgruppen in jedem Glukosering angestrebt, während z. B. bei allen technisch angewandten Zelluloseäthern, aber auch beim Zellulosexanthogenat nur eine Teilsubstitution vorliegt. Die Verteilung dieser Substituenten sowohl innerhalb des einzelnen Glukoserings, als auch längs der einzelnen Zellulosekette, als auch von Kette zu Kette (Abb. 6) hängt im starken Maße vom Zelluloseausgangsmaterial und den Umsetzungsbedingungen ab, und sie beeinflußt im erheblichen Umfange die

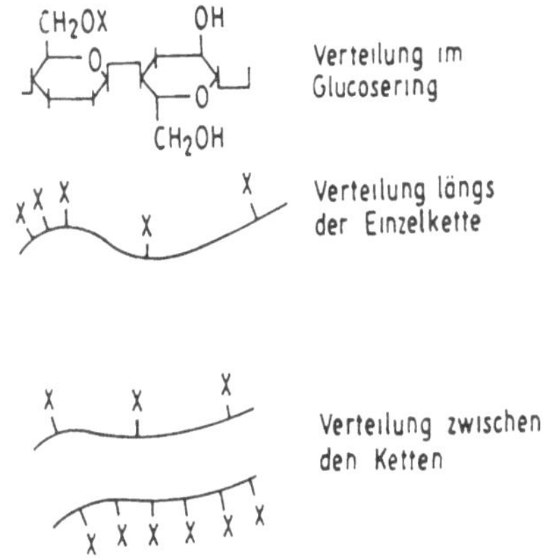


Abb. 6. Möglichkeiten für eine unterschiedliche Verteilung der Substituenten in teilsubstituierten Cellulosederivaten

Produkteigenschaften, z. B. die Wasserlöslichkeit. Eine rationelle und zuverlässige Analytik für solche Substituentenverteilungen würde jedoch nicht nur die Aufstellung solcher Korrelationsbeziehungen zwischen Herstellungsbedingungen, Substituentenverteilung und Produkteigenschaften ermöglichen, sondern auch bei reaktionsmechanistischen Untersuchungen zur Umverteilung von Substituenten eine wesentliche Hilfe darstellen, denn offenbar sind derartige Umverteilungen nicht allein auf die Xanthogenatreaktion beschränkt. Es erscheint daher dringend erforderlich, unsere analytischen Möglichkeiten zur Aufnahme der drei genannten Verteilungsspektren wesentlich auszubauen. Diese analytischen Möglichkeiten beschränken sich zur Zeit vor allem auf die Erfassung der Verteilung innerhalb des einzelnen Glukoseringes. Wir prüfen zur Zeit gemeinsam mit Mitarbeitern des Zentralinstituts für Physikalische Chemie der Akademie der Wissenschaften der DDR, inwieweit die Substituentenverteilung innerhalb des Ringes wie auch entlang der Kette beispielsweise mittels $C_{13}$-NMR-Spektroskopie erfaßt werden kann.

2. Offene Probleme bei einer weiteren wissenschaftlichen Fundierung technischer Prozesse der Zellulosederivatherstellung gibt es hinsichtlich Mechanismus und Kinetik, aber auch hinsichtlich der Struktur von Zwischenstoffen für eine Reihe zum Teil seit mehr als hundert Jahren hergestellter Produkte. Beispiele sind die mit der Bleiche von Zelluloseprodukten zusammenhängenden Oxydationsvorgänge, bei denen vor allem durch die Arbeit finnischer und schwedischer Forschergruppen in den letzten Jahren wesentliche Fortschritte erzielt wurden, sowie die für Baumwollveredelung, Viskoseprozesse und Zelluloseätherherstellung gleichermaßen wichtige Umsetzung mit Natriumhydroxid zur Natronzellulose, wobei wir bis heute noch keine Klarheit über die chemische Struktur dieser Alkalizellulose haben.

3. Während wir über die Reaktionen der Verätherung und Veresterung der Zellulose heute schon recht gut Bescheid wissen, bieten daran anschließende Syntheseschritte noch reiche Möglichkeiten für die Herstellung neuer interessanter Derivate, wobei diese Arbeitsrichtung zugleich ein Bindeglied zur biologischen Forschung darstellen könnte, wenn man zum Beispiel die Enzymfixierung an zellulosische Träger, die vor allem von Rogowin und von Wolf in der UdSSR bearbeiteten „biologisch aktiven" Zellulosederivate oder die Weiterentwicklung zellulosischer Ionenaustauscher betrachtet. Hier steht eine Klärung von Mechanismus und Kinetik der Umsetzungen einschließlich der auftretenden Abbau- und Vernetzungsvorgänge sowie des Einflusses verschiedener Reaktionsmedien auf die Endprodukteigenschaften in vielen Fällen noch aus.

4. Noch am Anfang befinden wir uns heute mit der Übertragung der in etwa fünf Jahrzehnten gewonnenen Erkenntnisse zur polymerchemischen Modifizierung der Zellulosekette auf andere Polysaccharide, die in Zukunft,

beispielsweise aus mikrobiologischen Prozessen oder auch im Zuge einer besseren Nutzung der Rohstoffressourcen der Meere, im verstärkten Maße zugänglich sein werden.

5. Trotz vielfältiger praktischer Nutzung, wissenschaftlich erst angearbeitet sind auch die kettengerüstverändernden Reaktionen der Vernetzung und Pfropfung der Zellulose. Wir haben hier zwar gewisse Vorstellungen über die chemische Struktur der Seitenzweige bzw. Vernetzungsbrücken, aber in vielen Fällen ist die Verknüpfung mit der Zellulosekette oder die Länge dieser Zweige bzw. Brücken oder auch die Frage zusätzlich auftretender vernetzender Nebenreaktionen noch weitgehend unklar.

6. Bei den von mir als „physikalisch-strukturellen Aspekte" bezeichneten Fragen, d. h. dem Zusammenhang zwischen Festkörperstruktur der Zellulosefaser und dem Ablauf heterogener chemischer Umsetzungen, möchte ich wieder offene analytische Probleme einer physikalisch fundierten Strukturcharakterisierung im Zusammenhang mit der Frage nach dem geeigneten Strukturmodell an den Anfang stellen: So ist nach wie vor die Frage offen, ob die übermolekulare Struktur der Zellulose besser durch Modelle mit gestreckten oder mit gefalteten Ketten wiedergegeben wird, und die Aussagemöglichkeiten einzelner physikalischer Strukturbestimmungsmethoden werden oft überschätzt. Fortschritte auf diesen Gebieten würden einer Vertiefung unserer Kenntnisse über die Heterogenreaktionen der Zellulose sehr zugute kommen, andererseits könnte die Klärung dieser Probleme der Zellulosestruktur über chemisch orientierte Arbeiten zu den Heterogenreaktionen der Zellulose mit vorangetrieben werden, beispielsweise durch Kombination einer stufenweisen Hydrolyse der Zellulosekette mit chemischen Umsetzungen zu stabilen Derivaten, um beispielsweise Kettenfaltungen auf Grund einer höheren Reaktivität der Hydroxylgruppen in den Faltungsbögen nachweisen zu können.

7. Ganz wesentliche Erkenntnislücken bestehen hinsichtlich der bei Heterogenreaktionen der Zellulose auftretenden strukturellen Veränderungen in den der chemischen Primärstruktur der Einzelkette übergeordneten Strukturebenen, angefangen von Konformationsänderungen der Zellulosekette selbst und der dadurch bedingten Änderungen im übermolekularen Ordnungszustand, bis hin zu den im Lichtmikroskop sichtbaren Veränderungen der morphologischen Grobstruktur bei allen Quell- und Löseprozessen, für die uns Möglichkeiten einer quantitativen Erfassung und Auswertung heute noch weitgehend fehlen. Diese Überlegungen gelten gleichermaßen für die zu stabilen Hauptvalenzderivaten führenden Umsetzungen und die zu instabilen intermediären Derivaten führenden Reaktionen, bei denen zum Schluß die Zellulose regeneriert wird. Als Beispiele seien hier die Behandlung der Zellulose mit Ammoniak oder niederen aliphatischen Aminen, oder auch die schon mehrfach erwähnte Umset-

zung mit wäßriger NaOH genannt, wobei nach Entfernen des Reaktionsmediums, Auswaschen und Trocknen in allen diesen Fällen zum Schluß chemisch wieder eine reine, unsubstituierte Zellulose vorliegt, deren übermolekulare und morphologische Struktur jedoch durch die vorangegangene Behandlung stark verändert wurde.

Eine Klärung der hier aufgeworfenen chemischen und physikalischen Fragen würde dann auch die Voraussetzungen dafür schaffen, quantitative, physikalisch begründete Modelle für Reaktionsabläufe in heterogenen Systemen mit Zellulose als einer Komponente aufzustellen. Damit wäre dann auch die heute noch in den meisten Fällen ausstehende Auftrennung des Reaktionsablaufes in die einzelnen Schritte von Diffusion und Reaktion in Abhängigkeit von einer quantitativ charakterisierten Ausgangsstruktur und deren Veränderungen während der Umsetzung verbunden. Auf Basis solcher Modelle könnten dann auch verschiedene heute ausschließlich auf rein empirischer Basis behandelte Einflußgrößen, wie z. B. die Trocknungsvorgeschichte des Zelluloseausgangsmaterials, wissenschaftlich fundiert und quantitativ beherrscht werden. Ein solches Vorgehen käme nicht nur einer Optimierung bereits laufender Prozesse zur Herstellung von Zellulosederivaten zugute, sondern würde auch die wissenschaftliche Grundlage liefern für eine gezielte kombinierte Abwandlung von chemischer und morphologischer Struktur der Zellulose bei der Entwicklung neuer Produkte, beispielsweise durch Einführung bestimmter reaktiver Gruppen in Kombination mit der Fixierung ganz bestimmter Netzwerkstrukturen definierten Quellungszustandes. Auch die Möglichkeiten der Pfropfung und Vernetzung sowie gegebenenfalls der ionischen Wechselwirkung zwischen kationischen und anionischen Gruppen wären dabei zu berücksichtigen. Solche Überlegungen enthalten im Augenblick natürlich noch ein Stück Spekulation, könnten aber durchaus reale praktische Bedeutung gewinnen, z. B. für die Herstellung und den Einsatz von Membranen für Trennprozesse und chemische Umsetzungen, wenn man bedenkt, daß hier die bisher größte Variabilität der Membranstruktur und damit auch der Trenneigenschaften mit einem Zellulosederivat, nämlich mit Zelluloseacetat erzielt wurde.

Der hier gegebene Überblick sollte zeigen, welche Fülle interessanter und auch praxisrelevanter Probleme die polymerchemische Modifizierung der Zellulose auch heute noch aufwirft. Dabei dürfte die Bearbeitung der hier aufgeworfenen Fragen über ihre zellulosespezifische Bedeutung hinaus geeignet sein, verallgemeinerungsfähige Beiträge für das Verständnis der Heterogenreaktionen in ihrer Gesamtheit und für die Klärung noch offener Fragen chemischer Umsetzungen an Makromolekülen zu erbringen, wobei die Zellulose aus verschiedenen Gründen als Modellsubstanz recht günstig erscheint. Gleichzeitig sollte mit diesen Ausführungen zum Ausdruck gebracht werden, daß die Bearbeitung der genannten Fragestellungen heute keineswegs allein ein chemisches Problem darstellt, sondern eine enge Kooperation von Physik und Chemie der Polymeren erfordert und auch Ansatzpunkte für interessante gemeinsame Arbeiten mit der Biologie bietet.

Klaus Schreiber

## Diskussionsbeitrag

## Holz als potentieller Rohstoff für die chemische Großindustrie

Nach derzeitigen Prognosen wird sich der Gesamt-Primärenergiebedarf der Welt bis zum Jahr 2000 außergewöhnlich stark erhöhen, in entwickelten Industrieländern etwa auf das Doppelte des derzeitigen Verbrauchs. Dabei werden mit hoher Wahrscheinlichkeit die fossilen Kohlenstoffressourcen als Primärenergieträger auch weiterhin den Hauptanteil an die Primärenergie-Versorgung ausmachen. Dies steht im Gegensatz zur Tatsache, daß die konventionellen Welt-Primärenergie-Ressourcen sehr begrenzt sind. So belaufen sich nach vorliegenden Schätzungen die sicheren und wahrscheinlichen Steinkohlenvorräte der Welt auf $6.7 \cdot 10^{12}$ t (sichere Vorräte etwa $0.5 \cdot 10^{12}$ t), die Braunkohlenvorräte (bis zu einer Teufe von etwa 1000 m) auf $2.1 \cdot 10^{12}$ t, die Erdölreserven auf $0.5 \cdot 10^{12}$ t (davon sichere Vorräte etwa $10^{11}$ t) und die sicheren Welt-Erdgas-Vorräte auf etwa $5 \cdot 10^{13}$ Normkubikmeter. Die Gesamtmenge organischer Materie in terrestrischem Sedimentgestein wird hingegen auf $6 \cdot 10^{15}$ t geschätzt. Bei einer derzeitigen Weltjahresförderung von etwa $2 \cdot 10^9$ t Steinkohle, $10^9$ t Braunkohle, $3 \cdot 10^9$ t Erdöl und $1.5 \cdot 10^{12}$ Normkubikmeter Erdgas ist zu erwarten, daß bei den beiden letztgenannten Kohlenstoffträgern zumindest die bisher bekannten sicheren Ressourcen in etwa vierzig Jahren erschöpft sein werden [1]. Die fossilen Kohlenstoffressourcen sind jedoch nicht nur Haupt-Primärenergieträger, sondern auch Hauptrohstoffe der chemischen Industrie. In besonderem Maße gilt dies für Erdöl und Erdgas, vor allem in den hochentwickelten kapitalistischen Industriestaaten. Die westdeutsche organische Chemieproduktion zum Beispiel ist heute zu mehr als 95% auf die Bereitstellung petrochemischer Rohstoffe angewiesen.

Die derzeitige kapitalistische Energie-, Wirtschafts- und Währungskrise sowie die hiermit verbundenen Preis- und Kostensteigerungen speziell auf dem Erdölsektor führten zu einer stärkeren Orientierung der chemischen Industrie dieser Staaten auf eine Rohstoffsicherung durch Kohleveredelung [1]. Darüber hinaus finden die sich ständig erneuernden rezenten Kohlenstoffressourcen der Biosphäre zunehmende Beachtung. Immerhin repräsentiert die Erdbiosphäre eine geschätzte Masse von etwa $5 \cdot 10^{13}$ t, und jährlich werden mit Hilfe der Sonnenenergie durch Photosynthese und $CO_2$-Assimilation mindestens $2 \cdot 10^{11}$ t Kohlenstoffverbindungen neu produziert. Trotz der weltweiten Abholzung von Wäldern und der zunehmenden Industrialisierung hat sich diese jährliche Biomasseproduktion nicht nur nicht verringert, sondern kontinuierlich erhöht, allein im Verlauf der letzten hundert Jahre um schätzungsweise 10%, verursacht durch den industriell bedingten wesentlich erhöhten $CO_2$-Spiegel der Atmosphäre, durch den Einsatz synthetischer Düngemittel und den insgesamt stark intensivierten Pflanzenbau in der Land- und Forstwirtschaft [2].

Den für die chemische Industrie wichtigsten Sektor der rezenten Kohlenstoffressourcen repräsentieren die Weltholzvorräte, die mit $3—4 \cdot 10^{11}$ Kubikmeter angegeben werden, wobei der jährliche Holzzuwachs etwa 3 Kubikmeter/ha, bei intensivierter Kultur (zusätzliche Düngung) sogar etwa 6—8 Kubikmeter/ha betragen soll [3]. Holz besteht im wesentlichen aus einem Gemisch dreier Biopolymerer, und zwar Cellulose (etwa 50%), Lignin und Hemicellulosen (je etwa 25%). Cellulose und Hemicellulosen sind Kohlenhydratpolymere, die aus Glucose- (Cellulose) bzw. vor allem Pentosebausteinen (Hemicellulosen) aufgebaut sind. Als Lignin bezeichnet man kompliziert strukturierte dreidimensionale Makromoleküle aus Phenylpropan-Einheiten.

In einem sehr beachteten Vortrag anläßlich der 169. Nationalen Tagung der Amerikanischen Chemischen Gesellschaft am 7. April 1975 in Philadelphia machte Irving S. Goldstein auf die potentiellen Möglichkeiten der Verwendung von Holz als Rohstoff für die chemische Großindustrie, speziell für die Produktion von Plasten, Elasten und Synthesefasern, aufmerksam [4]. Goldstein, Direktor des Instituts für Holz- und Papierforschung der Staatsuniversität von North Carolina in Raleigh, verwies in diesem Vortrag auf vorliegende Kalkulationen, daß sich grundsätzlich etwa 95% der zur Zeit jährlich in USA produzierten Plaste, Elaste und Synthesefasern (1974 Gesamtmenge $1.8 \cdot 10^7$ t) aus $5.8 \cdot 10^7$ t „Lignocellulose", und zwar aus $3.8 \cdot 10^7$ t Cellulose und $2 \cdot 10^7$ t Lignin, herstellen lassen. Die hierfür erforderliche Holzmenge entspricht etwa 60% jener, die von der US-amerikanischen Papierindustrie pro Jahr benötigt wird (1974 etwa $10^8$ t Holz). Hierbei ist zu beachten, daß für die Produktion solcher „Silvichemikalien" auch Holz minderer Qualität, insbesondere Bruch-, Abfall- und Kronenholz, verwendet werden kann, das für die Cellulose- und Papierindustrie ungeeignet ist.

Von den $1.8 \cdot 10^7$ t der amerikanischen Jahresproduktion an synthetischen Polymeren können 47% aus Äthylen, 12% aus Butadien und 36% aus Phenol hergestellt werden. Diese Zwischenprodukte lassen sich alle auch aus Holz gewinnen. So sind Äthylen und Butadien aus Äthanol zugänglich, das wiederum durch Vergärung von Glucose gewinnbar ist, dem Hydrolyseprodukt der Cellulose. Phenol und verwandte Produkte sind erhältlich durch Hydrierung bzw. Hydrogenolyse von Lignin. Mehrere dieser Reaktionsschritte zeichnen sich durch gute Ausbeuten aus: Vergärung der Glucose zu Äthanol (95% d. Th.) und dessen Überführung in Äthylen (96% d. Th.) bzw. Butadien (70% d. Th.). Lediglich die Hydrolyse von Cellulose zu Glucose (derzeitige Ausbeute etwa 50% d. Th.) sowie die Gewinnung von Phenol aus Lignin (etwa 25—35% d. Th.) entsprechen noch nicht den Erfordernissen, dürften sich jedoch durch weitere Forschungen noch wesentlich verbessern lassen. Auch die Ökonomie dieser Prozesse entspricht etwa jener auf petrochemischer Basis. Auf der Grundlage eines durchschnittlichen Holzpreises von 20 $/t und einer angenommenen (wenn auch noch nicht realisierbaren) Ausbeute von 75% bei Hydrolyse der Cellulose zu Glucose korrespondieren die Kosten für das so gewinnbare Äthylen und Butadien etwa mit jenen der augenblicklichen (in den Kosten stark angestiegenen) petrochemischen Produktion. Diese Ökonomie wird noch günstiger bei einer umfassenden Verwertung auch der weiteren Holzbestandteile, u. a. der Hemicellulosen (Herstellung von Furfurol) und des Tallöls (u. a. Wachsproduktion, Phytosteringewinnung). Andere Varianten beinhalten eine direkte Verwertung von Cellulose und Lignin zur Herstellung neuer Polymerer durch chemische Abwandlung, d. h. unter Vermeidung ihres Abbaus zu Monomeren und deren Repolymerisation [5].

In den USA, aber auch in der UdSSR hat man sich in den letzten Jahren mit der Entwicklung bzw. Vervollkommnung entsprechender Produktionsverfahren und -technologien der Holzverwertung beschäftigt. In diesem Zusammenhang wurde eine Naturstoffchemie oder besser Bioorganische Chemie entwickelt, die sich in verstärkten Maßen der Untersuchung auch von Biopolymeren und deren Bausteinen zuwendet, wobei sowohl chemische als auch biotechnologische Methoden eingesetzt werden. Auch in der DDR war in der Vergangenheit das Gebiet der Kohlenhydratchemie ausgezeichnet vertreten, insbesondere durch Arbeitsgruppen an den Universitäten Jena und Rostock. Nicht zuletzt im Hinblick auf eine künftig stärkere Bearbeitung auch der in diesem Diskussionsbeitrag angeschnittenen Fragen wird es als dringend erforderlich angesehen, in der DDR die Naturstoffchemie wieder stärker zu entwickeln. In Verbindung mit den Aufgaben unserer eigenen chemischen Großindustrie und der erforderlichen verstärkten Nutzung einheimischer Ressourcen sollte die künftige internationale Entwicklung auf dem Gebiet der Verwendung von Holz, seiner Bestandteile und weiterer rezenter Kohlenstoffressourcen als industrielle Rohstoffe aufmerksam verfolgt werden. Die Kooperation mit entsprechenden Forschungseinrichtungen der Sowjetunion ist anzustreben.

## Literatur


[1] Rohstoff-Sicherung durch Kohleveredlung, VCI-Schriftenreihe Chemie und Fortschritt, Heft 3/1975.

[2] Mackenzie, F. T.: Chem. and Engin. News vom 21. 4. 1975, S. 27.

[3] Vgl. W. Jensen: voranstehender Beitrag.

[4] Goldstein, I. S.: Chem. and Engin. News vom 21. 4. 1975, S. 13; Science (Washington) **189**, 847 (1975).

[5] Vgl. B. Philipp: voranstehender Beitrag.

Eberhard Leibnitz

## Diskussionsbeitrag

Prof. Jensen hat in seinem Vortrag darauf hingewiesen, daß durch bestimmte Maßnahmen bei Nadelhölzern der Harzgehalt fühlbar angehoben werden kann, wobei dessen Erfassung über die bekannten Methoden der Tallölgewinnung und Tallölaufbereitung vorgegeben sein könnte. Selbstverständlich stehen auch andere Methoden, insbesondere aus Stubbenhölzern, hinreichend bekannt zur Verfügung.

Diese Bemerkung ist in vieler Beziehung sehr interessant und zeigt einen besonderen Aspekt der Situation des Holzes als chemischer Rohstoff. Neben den dabei gewinnbaren wertvollen Fettsäuren unterschiedlichster Struktur sind die Harzsäuren, die dabei mitgewonnen werden, eine Vorgabe für eine chemische Industrie, deren Bedeutung offensichtlich durch das Vordringen der reinen synthetischen Harze stark unterschätzt wird. Es liegen in den Harzsäuren die wesentlichen Reten-Strukturen als Grundlage vor, die andersartig gar nicht erfaßbar sind, deren Synthese ggf. nur mit großen Schwierigkeiten bewältigt werden kann.

Gerade das Reten-Skelett macht diese Vorprodukte in äußerst vielfältiger Form abwandlungsfähig. Sowohl die Reduktion zu Alkoholen als auch die in vielfältiger Form mögliche Diels-Alder-Adduktion, z. B. zu Polysäuren, erlaubt eine Abwandlung solcher Harzsäuren als Ausgangsmaterial in sehr verschiedenartige Richtungen. Es ist bereits bekannt und sehr gründlich durchgearbeitet worden, in wie vielfältiger Form und in welcher Qualität Harze für den Anstrichsektor mit erstaunlichen Haltbarkeiten und hoher Wetterbeständigkeit dabei gewonnen werden können, und ihr Einsatz erfolgt nach wie vor und würde bei hinreichender Zurverfügungstellung absolut ein Wettbewerbsprodukt gegen vollsynthetische Harze sein und bleiben.

Aber auch der Einsatz als Vorprodukte für weitere Synthesen zu makromolekularen Produkten gewinnt nach vielfältigen Überlegungen neue Aspekte. Dabei steht u. a. auch im Vordergund, daß heute die Polyadduktion mit Isocyanaten eine Methode der Wahl ist, die zu Makromolekülen führt, bei denen zumindest eingeschätzt werden kann, daß eine merkliche Beteiligung einer Reten-Struktur am Aufbau des Moleküls auch hier den erwünschten Steigerungsgrad in der Wärmebeständigkeit zumindest fordert.

Es wäre also durchaus interessant, bei einem erhöhten Angebot an Produkten auf dieser Basis wirklich mit entsprechenden Forschungsarbeiten, die mit großen Aussichten versehen werden können, sich erneut diesem Kapitel der Naturstoffchemie zuzuwenden.

Wolfgang Schirmer

## Fragen an Herrn Jensen und die Kurzfassung seiner Antworten

Ihr Vortrag gab einen ausgezeichneten Überblick über moderne Verfahren der Holzgewinnung und -verarbeitung. Für mich als Physikochemiker, der stark an technologischen Problemen interessiert ist, ergeben sich folgende Fragen:

Sie sprechen von einer Totalverwertung des Holzes. Das bedeutet, daß Sie offensichtlich Pflanzenteile sehr unterschiedlicher Struktur und Zusammensetzung verarbeiten müssen. Welche Trennprobleme ergeben sich daraus für die Technologie der Verarbeitung?

Antwort:

Die Totalverwertung des Holzes setzt tatsächlich Bedingungen voraus, die komplexe Trennprobleme beinhalten. Diese Vorgänge werden zumindest in Finnland noch nicht vollständig beherrscht. Es wird daher gegenwärtig im allgemeinen noch mit einer Technologie gearbeitet, in der Laub, dünne Zweige und Rinde aus der Holzverarbeitung herausgehalten werden.

Über welche Erfahrungen verfügen Sie bei der physikalisch-chemischen Modifizierung von Holz? Ich denke vor allem an eine Verbindung zwischen organischen Hochpolymeren und der Holzsubstanz, wobei die Polymerisation des organischen Grundstoffes bereits in der Holzstruktur unter dem Einfluß energiereicher Strahlung durchgeführt wird. Wird dieses „Polymerholz" in Finnland in großem Umfang produziert?

Antwort:

Finnland verfügt über beträchtliche Erfahrungen beim Einsatz von Polymerholz. So ist z. B. der Fußboden der Empfangshalle eines vielbenutzten Flughafens mit diesem Material ausgelegt. Es erweist sich jedoch nach wie vor als recht teuer. Die Technologie ist kompliziert; die Konkurrenzfähigkeit gegenüber nichtmodifiziertem Holz und gegenüber Plasten ist zumindest in Finnland meist nicht gegeben. Deswegen ist der Einsatz an Polymerholz in den letzten Jahren zurückgegangen.

Moderne Verfahren der Holzgewinnung schließen offensichtlich einen vollständigen Kahlschlag der mit Bäumen bestandenen Fläche ein, wobei sogar das Laub verwertet wird. Welche Folgen hat ein derartiges Vorgehen für die Struktur des Bodens, welche Maßnahmen der Rekultivierung werden hierdurch erforderlich?

Antwort:

Aus den in der ersten Antwort genannten Gründen bleibt gegenwärtig die größte Masse des Laubes, der Rinde und der Wurzeln auf dem oder im Waldboden zurück. Dadurch werden schädliche Auswirkungen auf die Bodenstruktur und auf die natürliche Düngung des Bodens weitgehend vermieden. Um Erosionen zu verhindern, ist es tatsächlich dringend erforderlich, nach dem Kahlschlag sofort wieder aufzuforsten. Eine entsprechend komplexe biologisch-chemische Forschung ist dringend erforderlich.

Werner Lange

## Diskussionsbeitrag

Holz ist nicht nur Rohstoff für die Herstellung von Zellstoff. Nach wie vor werden etwa gleich große, bei Einbeziehung der Span- und Faserplattenindustrie sogar größere Mengen als Konstruktionswerkstoff eingesetzt. Das ist keineswegs, wie es manchmal zu hören war, Zeichen einer rückständigen Technik. Holz ist billig, der für seine Gewinnung und Verarbeitung notwendige Energieaufwand ist im Vergleich mit den anderen Konstruktionswerkstoffen sehr gering, und es besitzt durchaus lobenswerte Eigenschaften. So wurde vor einiger Zeit mitgeteilt, daß die höchste Spannweite bei einer Tragkonstruktion mit geleimten Holzbindern erreicht wurde. Die Struktur des gewachsenen Holzes verleiht ihm eine Formstabilität, die vor allem in bezug auf das Langzeitverhalten von Holz-Plast-Verbunden noch nicht erreicht wird. Ein wesentlicher Nachteil bei der Verarbeitung von Stammholz zu Schnittholz, der hohe Schnittverlust, könnte sicher durch Kombination von Schnittholzerzeugung, Spanplattenherstellung und chemischer Verwertung ausgeschaltet werden, sofern es gelingt, die sicher nicht leicht zu lösenden Transportfragen zu beherrschen.

Vazgen Jacopian

## Diskussionsbeitrag

Sie haben durch jahrelange Pionierarbeit das schwierige Problem, aus Birkenholz einen geeigneten Zellstoff herzustellen, erfolgreich gelöst. In Ihrem Vortrag haben Sie die Eigenschaften des Birkenzellstoffs mit einer Reihe von anderen Holzzellstoffen verglichen. Es wäre interessant gewesen, wenn Sie hierbei auch Lärchenzellstoffe berücksichtigt hätten. Für hochentwickelte Industrieländer wird in Zukunft die Lärche bedingt durch ihre Resistenz gegenüber Industrieabgasen an Bedeutung gewinnen. Da die Lärchen wie die Laubbäume am Ende der Vegetationsperiode ihren Assimilationsapparat abwerfen und jedes Frühjahr wieder erneuern, sind sie weniger gefährdet als die wintergrünen Koniferen, Kiefer und Fichte, deren Anbau in „Rauchschädengebieten“ ernstlich in Frage gestellt ist. Außerdem weist Lärche einen hohen Gehalt eines wasserlöslichen Polysaccharids auf, des Arabogalaktans. Dieses Polysaccharid stellt ein wertvolles Produkt dar, und kann unter anderem auch als kalorienarmer Zucker für Diätnahrung eingesetzt werden.

Kurt Schwabe

## Diskussionsbeitrag

Die komplexe Nutzung des Holzes als Roh- und Werkstoff muß nicht nur vom finanzökonomischen, sondern in erster Linie vom materialökonomischen Standpunkt betrachtet werden und in dieser Hinsicht wird diese Nutzung in den nächsten Jahrzehnten zunehmende Bedeutung erlangen, denn dieser Rohstoff wächst uns wieder zu, während die Rohstoffe, aus denen wir die neuen hochpolymeren Werkstoffe herstellen, einmalige Vorkommen sind, deren Erschöpfung zwar nicht hinsichtlich des Termins genau vorauszusehen ist, im Prinzip aber feststeht.

Es kommt hinzu, daß der verstärkte Anbau von Holz auch der Umweltgestaltung zugute kommt, weil dadurch die Sauerstoffproduktion erheblich verstärkt werden kann und wir andererseits durch die zunehmende Energieerzeugung aus fossilen Brennstoffen und durch die wachsende Bevölkerungsdichte einen zunehmenden Sauerstoffverbrauch haben. Pro t Holz wird etwa 1,3 t Sauerstoff produziert oder pro ha und Jahr etwa 45000 $m^3$ Sauerstoff. Die komplexe Nutzung des Holzes würde auch einen kulturmäßigen Anbau unter Verwendung von Kunstdüngern rechtfertigen. Im übrigen wäre die Frage zu prüfen, ob der Anbau raschwüchsiger Hölzer, insbesondere von Pappeln, wie er früher von Professor von Wettstein propagiert und betrieben worden ist, wieder aufgenommen werden sollte. Außerdem wäre vielleicht zu prüfen, inwieweit die komplexe Nutzung des Holzes durch neue Aufschlußverfahren erleichtert werden kann. Daß sich das Lignin bisher einer umfassenden Verwendung entzogen hat — die Herstellung von Klebstoffen reicht natürlich nicht aus, um den gewaltigen Anfall an Sulfitablaugen unterzubringen —, beruht wahrscheinlich darauf, daß bei den bisher bekannten Aufschlußverfahren die Ligninsubstanz erheblich verändert wird. Die bekannten Aufschlußverfahren mit organischen Lösungsmitteln haben sich zwar bis heute aus ökonomischen Gründen nicht durchgesetzt, wenn man sie aber im geschlossenen Kreislauf durchführt, wäre es durchaus denkbar, die Zellulose direkt als verwendungsfähige Lösung aus dem Holz herauszulösen, oder umgekehrt das Lignin. Bei der materialökonomischen Betrachtung sollte man berücksichtigen, daß auch bei anderen Verfahren der verstärkte Einsatz von bisher nicht tauglichen Rohstoffen stärker in Betracht gezogen werden muß und wird. Ich erinnere nur an die neuen Verfahren zur Aluminiumherstellung aus Aluminiumchlorid im Kreislauf der Chlorierung von Tonen.